Laufverbesserungen großgliedriger Kettentriebe durch Verminderung der Polygon- und Umlenkeffekte

von der Fakultät für Maschinenwesen
der Rheinisch-Westfälischen Technischen Hochschule Aachen
zur Erlangung des akademischen Grades eines
Doktor-Ingenieurs
genehmigte Dissertation

Springer Fachmedien Wiesbaden GmbH

Referent: Professor Dr.-Ing. habil., Dr. h. c. M. Fink
Korreferent: Professor Dr.-Ing. W. Meyer zur Capellen
Tag der mündlichen Prüfung: 25. November 1966

Erschienen in der Schriftenreihe
„Forschungsberichte des Landes Nordrhein-Westfalen",
unter der Nr. 1848
im Westdeutschen Verlag, Köln und Opladen

ISBN 978-3-663-20130-4 ISBN 978-3-663-20491-6 (eBook)
DOI 10.1007/978-3-663-20491-6

D 82 (Diss. TH Aachen)

Vorwort

Die vorliegende Arbeit befaßt sich mit der Laufverbesserung von Kettentrieben durch besondere konstruktive Ausbildung der Kettensterne. Der Lösungsvorschlag geht in seiner Grundidee auf die Herrn Bergassessor a. D. Dr.-Ing. F. ECKERT-GREIFENDORF und H. HÖRSTERMANN zurück, denen dafür Dank gebührt.
Die Arbeit entstand während meiner Assistentenjahre 1961 bis 1965 am Institut für Fördertechnik und Schienenfahrzeuge der Technischen Hochschule Aachen. Mein besonderer Dank gilt meinem hochverehrten Lehrer, Herrn Professor Dr.-Ing. habil., Dr. h. c. M. FINK, für sein wohlwollendes Verständnis und seine immer vorhandene Bereitschaft zur tatkräftigen Unterstützung. Ebenso bin ich Herrn Professor Dr.-Ing. W. MEYER ZUR CAPELLEN verpflichtet, der in dankenswerter Weise das Korreferat übernommen hat.
Dem Herrn Ministerpräsident des Landes Nordrhein-Westfalen danke ich für die Unterstützung dieser Arbeit.

Aachen, im April 1966 — Friedrich Manfred Janßen

Inhalt

Häufig benutzte Formelzeichen

Längen:

T	= Teilung der Kette in mm
R	= Teilkreisradius des Kettensternes in mm
d_0	= Teilkreisdurchmesser des Kettensternes in mm
$R_{A,B}$	= Zu A oder B gehöriger Radius
h	= Bezeichnung einer Höhe
$h_ü$	= Zur Übergangskurve gehörige Höhe
s	= Weg des Bolzenmittelpunktes bei einer Umdrehung des Kettensternes
f	= Weg eines Kettengliedes
d	= Durchhang der Kette in mm
L	= Sehnenlänge
L_A	= Trumlänge, Achsabstand in m
L_L	= Länge des Leertrums in m
B	= Breite der Förderplatten in m
$L_{Fö}$	= Förderlänge in m
s_n	= $s^{(n)}$ = Bogenstücke über der Winkelteilung des Teilkreises

Winkel:

α	= Mittelpunktswinkel über der Sehne bei Längengleichheit von Sehne und Teilung
β	= Variabler Winkel
γ	= Flankenwinkel der Verzahnung (für Teil 2) und Mittelpunktswinkel über der Sehne des Teilkreises bei Einlaufsehne = Kettenteilung (für Teil 3)
γ_w	= Wirksamer Flankenwinkel der Verzahnung
δ	= Winkel zur Festlegung des Bereiches III (zur Geometrie des neuen Kettensternes)
ε	= Winkel, der die Verschiebung des Bolzens aus der Mitte der Zahnlücke berücksichtigt (für Teil 2) und Winkel zur Lagenfestlegung des Bereiches II (für Teil 3)
$\varphi_{A,B}$	= Zur Lage von A oder B gehöriger variabler Winkel
μ	= Reibungswinkel

Zeiten:

t	= Zeit in s
t_u	= Umlaufzeit in s

Geschwindigkeiten:

$\dot{\varphi}$	= ω = Winkelgeschwindigkeit des Kettensternes in 1/s
$\dot{\varphi}_{AB}$	= ω_{AB} = Winkelgeschwindigkeit von A um B in 1/s

v_u = Umfangsgeschwindigkeit in m/s
v_v = Vertikalgeschwindigkeit in m/s
v_h = Horizontalgeschwindigkeit in m/s
v_{um} = Mittlere Geschwindigkeit der Kette auf dem Stern in m/s
v_w = Geschwindigkeit der Kette in der Praxis in m/s

Drehzahl:

n = Drehzahl des Kettensternes in U/min

Massen, Trägheitsmomente:

Θ_0 = Trägheitsmoment eines Kettengliedes um seinen Schwerpunkt in kp m s^2
$\Theta_{1,2}$ = Trägheitsmoment der beiden Kettensterne in kp m s^2
Θ_{ges} = Gesamtträgheitsmoment des Kettengliedes bei der Umlenkung in kp m s^2
m_{Glied} = Masse eines Kettengliedes in kp s^2/m

Kräfte, Gewichte, Momente:

P = Allgemeine Zugkraft in der Kette in kp
P_n = Zugkraft in der Lasche n in kp
P_z = Zahnkraft in kp
W = Laufwiderstand in kp
P_N = Zügige Belastung der Kette infolge Nutzkraft in kp
P_{Sp} = Statische Belastung der Kette in kp
P_F = Zügige Belastung der Kette infolge Fliehkraft in kp
P_{Flanke} = Flankenkraft in kp
P_{radial} = Radialkraft in kp
P_B = Bruchlast der Kette in kp
F = Fliehkraft in kp
H = Hilfskraft in Richtung einer Zahnflanke in kp
G_{Glied} = Gewicht eines Kettengliedes in kp
q = Metergewicht der Kette in kp/m
G_m = Gewicht der bewegten Teile in kp/m
Q_t = Förderstrom in Mp/h
γ = Spezifisches Gewicht in Mp/m^3
M_d = Drehmoment in cmkp oder mkp
K_B = In B angreifende Massenkraft in kp
C_{1K} = Auf die Rolle C_1 wirkende Kraft infolge Kettenzug in kp
C_{2K} = Auf die Rolle C_2 wirkende Kraft infolge Kettenzug in kp
C_{1F} = Auf die Rolle C_1 wirkende Kraft infolge Federkraft in kp
C_{2F} = Auf die Rolle C_2 wirkende Kraft infolge Federkraft in kp

Beschleunigungen:

b_u = b_t = Tangentialbeschleunigung in m/s^2
b_v = Vertikalbeschleunigung in m/s^2

b_h = Horizontalbeschleunigung in m/s^2
b_n = Normalbeschleunigung in m/s^2
$\ddot{\varphi}_{AB}$ = $\dot{\omega}_{AB}$ = Winkelbeschleunigung von A um B in $1/s^2$

Arbeit, Energie, Leistung:

E_{trans} = Translationsenergie in mkp
E_{rot} = Rotationsenergie in mkp
E_{kin} = Kinetische Energie in mkp
L = Verbrauchte Leistung in cm kp/s
L_e = Benötigte Leistung in cm kp/s
N_a = Antriebsleistung in PS
N_z = Zusatzleistung für Schüttgutaufgabe und Reibung in PS

Proportionalitätsfaktoren und dimensionslose Größen:

A = Abbaufaktor
A_w = Wirklicher Abbaufaktor
λ = Proportionalitätsfaktor
z = Zähnezahl
x = Anzahl der Winkel, in die $\alpha/2$ aufgeteilt wird
d_r = Relativer Durchhang = d/L_L
i = Übersetzungsverhältnis
ε = $\Delta l/l$ = Dehnung

1. Einleitung

In den letzten Jahren kann im Förderwesen eine Entwicklung beobachtet werden, die durch eine Interessenverlagerung im Bereich der Stetigförderer gekennzeichnet ist. Obwohl Kettenförderanlagen vom Material her beständiger gegen Umwelteinflüsse und das Fördergut sind, verwendet man heute in zunehmendem Maße Bandförderer.
Der Grund hierfür liegt in den physikalischen Gegebenheiten der Kettentriebe, die eine gefahrlose Steigerung der Geschwindigkeit nicht zulassen und damit eine Verbesserung der Wirtschaftlichkeit verhindern. Polygonalität und wechselnde Translation–Rotation rufen störende Effekte hervor, durch welche der Verschleiß schon bei geringer Erhöhung der Geschwindigkeit sehr stark anwächst. Die Nachteile werden umso ausgeprägter, je größer die Kettenglieder sind. Für die in der Fördertechnik gebräuchlichen Kettenförderanlagen, die in der Hauptsache großgliedrige Kettentriebe verwenden, sind diese Eigenschaften zu einem ernsthaften Problem geworden.
Auch bei Untersuchungen, die im Institut für Fördertechnik und Schienenfahrzeuge der Technischen Hochschule Aachen an Kettenförderern vorgenommen wurden, fand man immer wieder die nachteiligen Eigenschaften bestätigt, die der Verbesserung des Kettenlaufes eine Grenze setzen.
Die Frage nach der Verringerung der störenden Effekte schien als Schlüssel zur Weiterentwicklung von grundlegender Bedeutung zu sein. Solange nicht Möglichkeiten und Wege aufgezeigt wurden, die dem Kettentrieb anhaftenden Mängel abzuschwächen oder zu beseitigen, konnte keine durchgreifende Verbesserung des Kettenlaufes erzielt werden.
An Versuchen, die Nachteile des Kettentriebes zu beseitigen, hat es bisher nicht gefehlt. Es wurden beispielsweise Antriebe durch Stoßarme und unrunde Räder vorgeschlagen. Andere Konstruktionen sahen die Abfederung mit Druckluft oder einen elektrischen Ausgleich vor. Alle diese Projekte, die vornehmlich in der Patentliteratur veröffentlicht sind, konnten sich aber nicht durchsetzen, weil sie in vielen Fällen nur eine ungenügende Verbesserung erzielten und ihr Aufbau zu kompliziert war.
Die vorliegende Arbeit befaßt sich mit einem Lösungsvorschlag, der exakt aufzeigen soll, daß eine weitgehende Verminderung der Polygon- und Umlenkeffekte möglich ist und damit ein wesentlich ruhigerer Kettenlauf erreicht werden kann. Sie gibt durch die Trennung der störenden Effekte nach den Wirkungsobjekten Kette und Kettenstern eine neue Sicht der Einflüsse auf den Kettenlauf und liefert einen Beitrag zur Verminderung der nachteiligen Eigenschaften von Kettentrieben, der grundsätzlich für alle Kettenarten und -größen gilt, dessen technische Ausführung sich jedoch vorwiegend für großgliedrige Kettentriebe lohnt.
Der nachfolgende Bericht ist so aufgebaut, daß dem Leser eine möglichst geschlossene Darstellung des Fragenkomplexes an Hand gegeben wird. Von der

Mechanik des herkömmlichen Kettentriebes über Idee, Konstruktion, Theorie und experimentellen Nachweis sind alle Problemkreise durchgearbeitet, die zum Verständnis der neuartigen Kettenantriebs- und umlenkvorrichtung erforderlich sind.
Der Arbeit liegt folgende Aufgabenstellung zugrunde:

> Verbesserung der Laufruhe des Kettentriebes durch Verminderung der störenden Effekte, die beim Übergang von Translation zu Rotation und umgekehrt entstehen.

Hierdurch soll eine Geschwindigkeitserhöhung und Verschleißminderung bewirkt werden.
Nach eingehenden theoretischen Untersuchungen wird eine vollkommen neuartige Antriebs- und Umlenkvorrichtung konstruiert, die auf einem hierbei bisher noch nicht angewandten Prinzip beruht, und die Richtigkeit der Überlegungen hieran nachgewiesen.

2. Allgemeiner Theoretischer Teil:

Die Mechanik des herkömmlichen Kettentriebes

Die in diesem Kapitel dargelegte Mechanik des Kettentriebes soll einen Überblick über die Verhältnisse am herkömmlichen Kettentrieb geben und insbesondere die für die Beurteilung des Kettentriebes wichtigen störenden Effekte aufzeigen.
Kinematik und Kräfteverhältnisse werden vielfach nur am Einlauf in den Kettenstern erklärt, gelten aber im allgemeinen auch für den Auslauf, sofern nicht auf etwas anderes hingewiesen wird.

2.1 Voraussetzungen

Der der Betrachtung zugrunde gelegte Zweiradkettentrieb besteht aus der Kette, dem angetriebenen und dem nicht angetriebenen Kettenstern. Er wird durch folgende Größen beeinflußt:

I. Bestimmende geometrische Festgrößen, Zähnezahl und Kettensterndurchmesser,
II. Kettenart,
III. Elastizität der Kette,
IV. Art des Kettensternes,
V. Übersetzungsverhältnis,
VI. Art des Einlaufes und des Auslaufes und die Lage des Kettengliedes während des Ein- und Auslaufes,
VII. Raumlage des Kettentriebes.

Für den Kettentrieb, dessen Mechanik aufgezeigt werden soll, werden die nachstehenden Voraussetzungen festgelegt:

Zähnezahl und Kettenteilung sollen sich so entsprechen, daß jeder Eingriff gleich gut erfolgt.

Als Kette wird eine Laschenkette gewählt, die vollelastisch sein soll.

Das Übersetzungsverhältnis beträgt wie überall in der Fördertechnik 1:1.

Die Kette soll als Sehne und stets parallel zu ihrem geradlinigen Trum ein- und auslaufen.

Die Raumlage des Kettentriebes wird nicht betrachtet (keine Berücksichtigung der Fallbeschleunigung).

Die Allgemeingültigkeit der theoretischen Überlegungen wird hierdurch eingeschränkt, doch genügt sie vollauf den Anforderungen der Fördertechnik.

2.2.1 *Betrachtung eines Ausschnittes über dem Winkel α beim Auflauf auf den Kettenstern*

Den Kettenpunkt, der den Ausschnitt über dem Winkel $\alpha = 360/z$ zurücklegt, denken wir uns als Bolzenmittelpunkt. Die Kette soll aus Bolzenmittelpunkten bestehen, in denen ihre Masse vereinigt ist, und aus masselosen Verbindungsgeraden.

Zur Erklärung der am Kettentrieb auftretenden Effekte zerlegen wir die Umfangsgeschwindigkeit v_u in die »Geschwindigkeit in Richtung des geradlinigen Trums«, die als Horizontalgeschwindigkeit v_h, und in die »Geschwindigkeit senkrecht zur Richtung des geradlinigen Trums«, die als Vertikalgeschwindigkeit v_v bezeichnet wird (Abb. 1, vgl. auch [1] und [2]). Mit ω = const. folgt $v_u = R \cdot \omega$ = const.

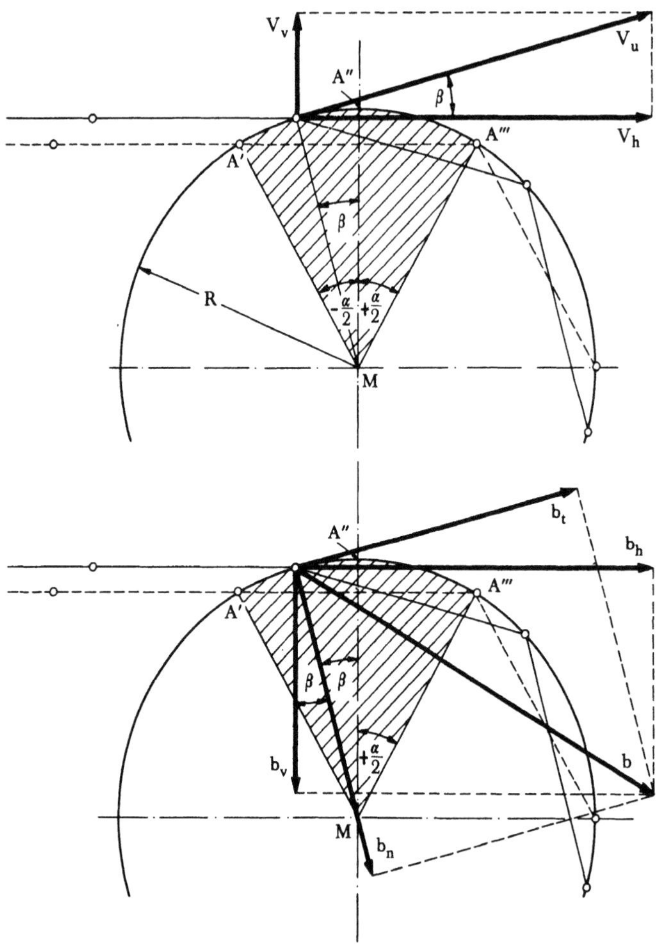

Abb. 1 Zerlegung der Geschwindigkeit und Beschleunigung beim Auflauf des Kettengliedes auf den herkömmlichen Kettenstern

Dies gilt für den gesamten Kreisbogen: alle Bolzenmittelpunkte haben dieselbe konstante Umfangsgeschwindigkeit. Wie später noch gezeigt werden soll, ist diese Geschwindigkeit auf dem Kettenstern die obere Grenzgeschwindigkeit. Sie ist größer als die Kettengeschwindigkeit im geradlinigen Trum und die mittlere Geschwindigkeit der Kette auf dem Kettenstern.
Die gleiche Aufteilung in Horizontal- und Vertikalanteil läßt sich auch bei den Beschleunigungen durchführen. Wegen konstanter Umfangsgeschwindigkeit wirkt in tangentialer Richtung keine Beschleunigung. Die auf den Kettensternmittelpunkt gerichtete Normalbeschleunigung b_n hat die Größe $b_n = v_u{}^2/R = R \cdot \omega^2$.
In Abb. 2 sind die Bewegungskomponenten in Abhängigkeit vom Winkel bzw. der Zeit aufgetragen. Alle Kurven stellen Sinus- bzw. Kosinusfunktionen dar, wobei jeweils die Beschleunigung aus der Geschwindigkeit durch Differentiation herleitbar ist. Es wird das Stück aus der Kurve herausgeschnitten, das durch α begrenzt wird. Diesen Winkel zählen wir von der Mitte des Ausschnittes im Uhrzeigersinn positiv. Da die Sehne des Ausschnittes gleich der Kettenteilung ist, entspricht der betrachtete Ausschnitt dem Weg eines Kettenbolzens von Eingriffsbeginn bis zu dem Zeitpunkt, an dem der nachfolgende Bolzen in Eingriff kommt. Je kleiner die Zähnezahl ist, desto größer der Ausschnitt ($\alpha = 180°$ für $z = 2$).
Aus Abb. 3 können folgende geometrische Verhältnisse am Kettenstern abgelesen werden:

$$\sin \alpha/2 = T/2\,R; \quad \cos \alpha/2 = \frac{1}{2\,R}\sqrt{4\,R^2 - T^2}; \quad h = \frac{1}{2}\sqrt{4\,R^2 - T^2}\,.$$

Die Horizontalgeschwindigkeit wächst zwischen A' und A'' auf $R \cdot \omega$ an und nimmt zwischen A'' und A''' wieder auf den Ausgangswert ab. Es ist:

$$v_h = v_u \cdot \cos \beta = R \cdot \omega \cdot \cos \omega t\,,$$

$$\text{für } \beta = 0° \text{ ist } v_{h\,\max} = R \cdot \omega\,,$$

$$\text{für } \beta = \pm\,\alpha/2 \text{ ist } v_h = \frac{\omega}{2}\sqrt{4\,R^2 - T^2}\,.$$

Für die Horizontalbeschleunigung gilt:

$$b_h = -\,R \cdot \omega^2 \cdot \sin \omega t\,,$$

$$\text{für } \beta = 0° \text{ ist } b_h = 0\,,$$

$$\text{für } \beta = \pm\,\alpha/2 \text{ ist } b_h = -\,R \cdot \omega^2 \cdot \sin(\pm\,\alpha/2) = \mp\,\frac{1}{2}\,\omega^2 T\,,$$

$$b_h = \pm\,\pi^2 n^2 T/1800$$

mit $\omega = \pi n/30$ und geometrischen Festgrößen.

Die Horizontalbeschleunigung wird bei A' unendlich, nimmt bis A'' auf 0 ab und erreicht bei A''' im negativen Bereich wieder den absoluten Ausgangswert.

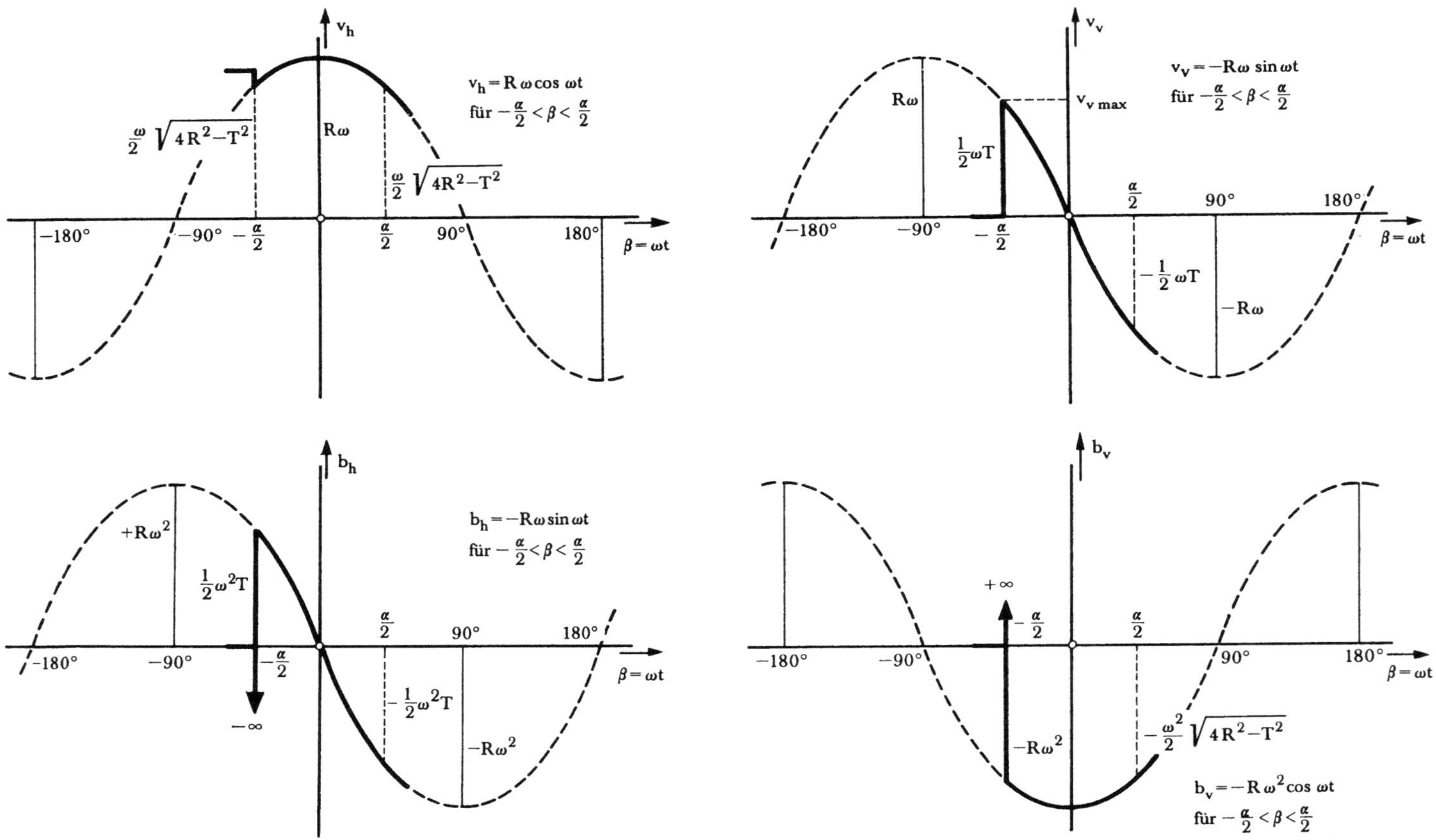

Abb. 2 Verlauf von Horizontalgeschwindigkeit und Horizontalbeschleunigung, Vertikalgeschwindigkeit und Vertikalbeschleunigung über dem Winkel α für einen ausgezeichneten Kettenpunkt (Bolzenmittelpunkt)

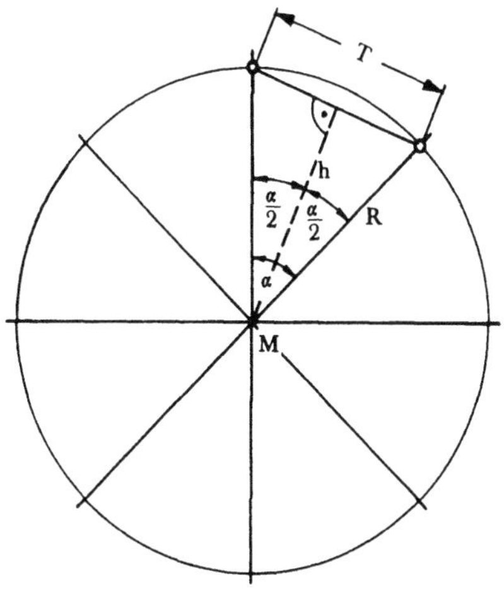

Abb. 3 Geometrische Festgrößen des Kettentriebes

Die maximale Horizontalbeschleunigung bleibt in jedem Fall unter dem Amplitudenwert von $R \cdot \omega^2$. Die Vertikalgeschwindigkeit wird durch die Gleichung wiedergegeben:

$$v_v = - v_u \cdot \sin \beta = - R \cdot \omega \cdot \sin \omega t ,$$

für $\beta = 0°$ ist $v_v = 0$,

für $\beta = \pm \alpha/2$ ist $v_v = \pm R \cdot \omega \cdot \sin \alpha/2 = \pm \frac{1}{2} \omega \cdot T$.

Sie weist bei A' einen Sprung auf, nimmt bis A'' auf 0 ab und erreicht bei A''' im negativen Bereich den absoluten Ausgangswert. Für die Vertikalbeschleunigung gilt:

$$b_v = - R \cdot \omega^2 \cdot \cos \omega t ,$$

für $\beta = 0°$ ist $b_{v\,\min} = - R \cdot \omega^2$,

für $\beta = \pm \alpha/2$ ist $b_v = \frac{\omega^2}{2} \sqrt{4 R^2 - T^2}$.

Die Vertikalbeschleunigung wird bei A' ebenfalls unendlich, nimmt von A' nach A'' auf $- R \cdot \omega^2$ ab und wächst zwischen A'' und A''' wieder auf den Ausgangswert an.

Die ruck- und stoßartigen Bewegungsvorgänge bei Eingriffsbeginn werden als »Polygoneffekt« bezeichnet. Sie erfolgen theoretisch in der Zeit 0 und werden in der Praxis von der Kette aufgenommen, die durch ihre Verbundwirkung einen allmählichen Übergang schafft.

Bei der Bewegung mehrerer aufeinanderfolgender und gleichartiger Kettenpunkte, beispielsweise der Bolzenmittelpunkte, wird derselbe Ausschnitt zu verschiedenen Zeiten von verschiedenen Kettenpunkten in gleicher Weise befahren.

Hieraus folgt eine mit der Zahneingriffsfrequenz wiederkehrende Periodizität, die den Kettentrieb in Schwingungen versetzt und den unruhigen Lauf der Kette bewirkt.

2.2.2 *Betrachtung des gesamten Umlenkwinkels*

Die bisherige Betrachtung bezog sich auf die Kettenbolzenmittelpunkte, d. h. auf die am weitesten nach außen umlaufenden Kettenpunkte. Ähnlichen Veränderungen unterliegen auch andere Punkte. Für die Kette gibt es bei der Umlenkung auf dem Kettenstern neben einer oberen und einer unteren Grenzgeschwindigkeit eine mittlere Kettengeschwindigkeit, die um den ganzen Kettentrieb konstant ist. Es wird (vgl. auch [1] und [2]):

$$v_{um} = \frac{s}{t_u} = \frac{z \cdot T \cdot n}{60},$$

$$v_{um} = \frac{R \cdot z \cdot n \cdot \sin 180/z}{30}$$

mit $T = 2 \cdot R \cdot \sin 180/z$ (s. Abb. 3).

Für die Maximalgeschwindigkeit, mit der die Kettenbolzen auf dem Kettenstern umlaufen, ergibt sich:

$$v_{u\max} = R \cdot \omega = \frac{\pi \cdot T \cdot n}{60 \cdot \sin 180/z}$$

$$\text{mit } R = \frac{T}{2 \sin 180/z}.$$

Für die Minimalgeschwindigkeit, mit der die Laschenmitten umlaufen, erhalten wir:

$$v_{u\min} = h \cdot \omega = \frac{\pi \cdot T \cdot n}{60 \cdot \operatorname{tg} 180/z}$$

mit $h = R \cdot \cos 180/z$.

Bildet man die Verhältnisse

$$\frac{v_{u\max}}{v_{um}} = \frac{\pi}{z \cdot \sin 180/z} \quad \text{und} \quad \frac{v_{u\min}}{v_{um}} = \frac{\pi}{z \cdot \operatorname{tg} 180/z},$$

so erhält man die auf die mittlere Geschwindigkeit bezogene Geschwindigkeitsverteilung in einem Kettenglied, die nur noch von der Zähnezahl abhängt. Das Schaubild (Abb. 4) zeigt, daß der Wert der Verhältnisse desto weiter von der 100-%-Achse abweicht, je geringer die Zähnezahl und damit je unruhiger der Kettenlauf wird.
Sieht man von der Polygonalität des Kettensternes ab, so verbleibt die reine Umlenkung. Dieser Fall ist mit einer Bandumlenkung zu vergleichen und tritt

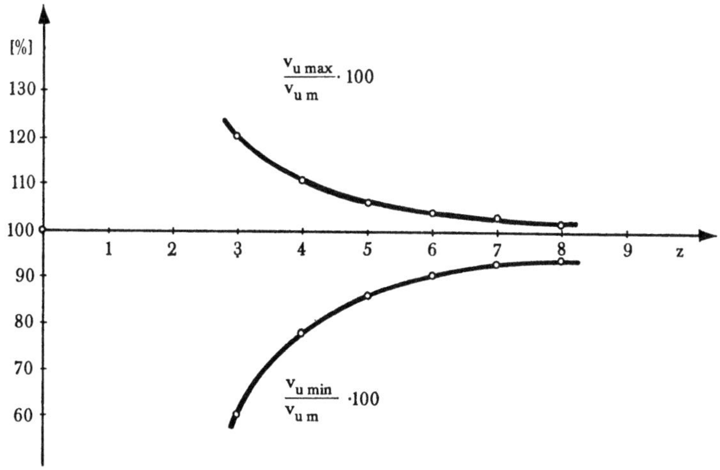

Abb. 4 Die aus den Extremgeschwindigkeiten in einem Kettenglied während der Umlenkung und der mittleren Geschwindigkeit gebildeten Verhältnisse als Funktion der Zähnezahl

ein, wenn die Zähnezahl gegen unendlich strebt. Die Translationsenergie eines Kettengliedes beträgt

$$E_{\text{trans}} = m_{\text{Glied}} \cdot \frac{v^2}{2},$$

wobei zu berücksichtigen ist, daß die Gliedmasse im Bolzenmittelpunkt vereinigt angenommen ist. Wie in Abb. 5 dargestellt, denken wir uns die Umlenkung eines Gliedes zusammengesetzt aus einer Drehung um den Mittelpunkt des Kettensternes mit dem Trägheitsmoment $m_{\text{Glied}} \cdot R^2$ und einer Drehung um sich selbst mit dem Trägheitsmoment Θ_0. Das Gesamtträgheitsmoment des Gliedes wird daher

$$\Theta_{\text{ges}} = \Theta_0 + m_{\text{Glied}} \cdot R^2.$$

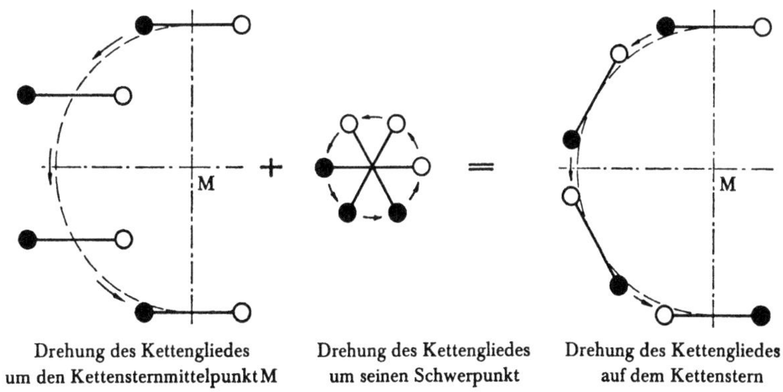

Abb. 5 Zusammensetzung des Kettengliedumlaufes um den Kettenstern

Man erhält für die Rotationsenergie

$$E_{\text{rot}} = \frac{\omega^2 \cdot \Theta_0}{2} + \frac{v^2 \cdot m_{\text{Glied}}}{2},$$

$$E_{\text{rot}} = E_{\text{trans}} + \frac{v^2 \cdot \Theta_0}{2 R^2}.$$

Zwischen der Rotations- und der Translationsenergie ergibt sich die Energiedifferenz

$$\Delta E = \frac{v^2 \cdot \Theta_0}{2 R^2}; \quad \Delta E = \frac{z^2 \cdot n^2}{1800} \cdot \Theta_0 \cdot \sin^2 180/z$$

$$\text{mit } v = v_{um} = \frac{R}{30} z \cdot n \cdot \sin 180/z,$$

die beim Übergang von der Gerade in den Kreis hinzukommt, vom Kreis in die Gerade umgesetzt werden muß. Während sich die Energieumsetzung in dem Bestreben der Kettenglieder äußert, nach Beendigung der Umlenkung noch weiter die Drehung des Kettensternes mitzumachen, bemerkt man in dem Aufsteigen der Glieder vor dem Kettenrad die Auswirkungen des plötzlichen Energiezuwachses (Abb. 6). Diese Erscheinungen gehören zum Umlenkeffekt und sind am angetriebenen Kettenstern deutlicher sichtbar als am einfachen Umlenkstern. Ebenso kann man bei kleingliedrigen Ketten und hoher Drehzahl die genannten Eigenschaften besser beobachten. Bei großgliedrigen Ketten läßt sich dafür aber das Auftreffen der Kettenglieder auf eine Führungsbahn des geradlinigen Trums nach Ablauf vom Kettenstern einwandfreier feststellen, durch das das geradlinige Trum in Schwingungen versetzt wird.

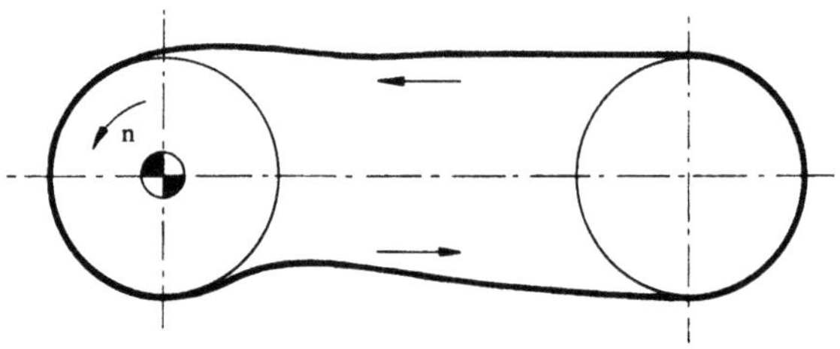

Abb. 6 Einrollen und Aufsteigen der Kette hinter bzw. vor dem angetriebenen Kettenstern

2.2.3 Aus den Bewegungsverhältnissen ableitbare Effekte

Die Auswirkungen der Bewegungsänderungen auf den Lauf des Kettentriebes werden in Effekten zusammengefaßt, die man nach ihrer Ursache benennt.
Im Gegensatz zu den bisherigen Auffassungen, die den Polygoneffekt auf die periodischen Bewegungsänderungen in Horizontalrichtung und den Einlaufstoß auf das durch die Änderung der Vertikalbewegung hervorgerufene Auftreffen

des Kettenbolzens auf den Zahn zurückführten, wollen wir die Änderungen in der Horizontalbewegung als 1. und die Änderungen in der Vertikalbewegung als 2. Polygoneffekt bezeichnen, da ja beide Erscheinungen gleichermaßen von der Polygonalität des Kettenrades verursacht sind. Für beide Effekte werden einwandfreie Definitionen verlangt, da mit der Entwicklung eines neuen Kettenausgleichsgetriebes die Anforderungen an die Allgemeingültigkeit der Aussagen gestiegen sind. Daher wird auch eine Trennung der Auswirkungen auf Kette und Kettenstern vorgenommen.

Der 1. Polygoneffekt (bzw. 2. Polygoneffekt) für die Kette tritt auf, wenn ihre Bewegungsverhältnisse in Richtung des geradlinigen Kettentrums (senkrecht dazu) bei Übergang von Translation zu Rotation und umgekehrt sich auf den Kettenlauf in dem Kettenteil auswirken, der von den Berührungspunkten der Kette mit den Zähnen der beiden Kettensterne begrenzt wird.

Der 1. Polygoneffekt (bzw. 2. Polygoneffekt) für den Kettenstern tritt auf, wenn die Bewegungsverhältnisse der Kette in Richtung des geradlinigen Trums (senkrecht dazu) bei Übergang von Translation zu Rotation und umgekehrt eine solche Beanspruchung des Kettensternes hervorrufen, die über diejenige des herkömmlichen Kettentriebes infolge Umlenkung hinausgeht.

Die Wirkung der reinen Umlenkung wurde bisher als »Umlenkruck« bezeichnet. Man verstand darunter das Auftreffen der Kettenglieder auf die Führungsschiene nach Ablauf vom Kettenstern. Auch hier ist es besser, den allgemeineren Begriff des Umlenkeffektes zu verwenden. Hierunter wird das durch die Energiedifferenz zwischen Rotation und Translation verursachte Einrollen der Kette nach dem Ablauf oder das Auftreffen auf die Führungsbahn zusammengefaßt.

Der Umlenkeffekt besteht in dem Bestreben der Kettenglieder, infolge des Energieüberschusses, den jedes rotierende Kettenglied gegenüber dem in geradliniger Bewegung befindlichen besitzt, sich nach Verlassen des Kettensternes noch weiter zu drehen.

Dabei wird zwischen dem *Umlenkeffekt für die Kette* und dem *Umlenkeffekt für den Kettenstern* unterschieden. Die weiteren Auswirkungen der Umlenkung, wie beispielsweise das Aufsteigen der Kette vor dem Kettenstern, werden auf Grund ihrer Geringfügigkeit für großgliedrige Kettentriebe mit relativ niedrigen Drehzahlen nicht betrachtet.

2.3 Die Kräfteverhältnisse des herkömmlichen Kettentriebes

2.3.1 Allgemeines

Die Belastung eines Kettentriebes unterteilt man nach der Belastung der Kette in zügige, schwingende und stoßartige Belastung. Die zügige Belastung P wiederum setzt sich aus der Belastung infolge Nutzmoment P_N, der statischen Belastung P_{Sp} und der Fliehkraft P_F zusammen:

$$P = P_N + P_{Sp} + P_F.$$

Der Gesamtzugkraft wurde kein Index gegeben, da sie als »Zugkraft schlechthin« ohne Index allgemein bekannt ist.

Grundlage der Betrachtung soll ein herkömmlicher Kettentrieb sein, wie ihn Abb. 7 zeigt.

Es muß zwischen eingeprägten Kräften und Reaktionskräften unterschieden werden. Wir wählen das System der vom Antrieb ausgehenden Kräfte, bei dem der Zahn die Kraft auf den Kettenbolzen überträgt:

Zahnkraft am Antrieb	=	eingeprägte Kraft
Zahnkraft am Abtrieb	=	Reaktionskraft
Laschenkraft am Antrieb	=	Reaktionskraft
Laschenkraft am Abtrieb	=	eingeprägte Kraft

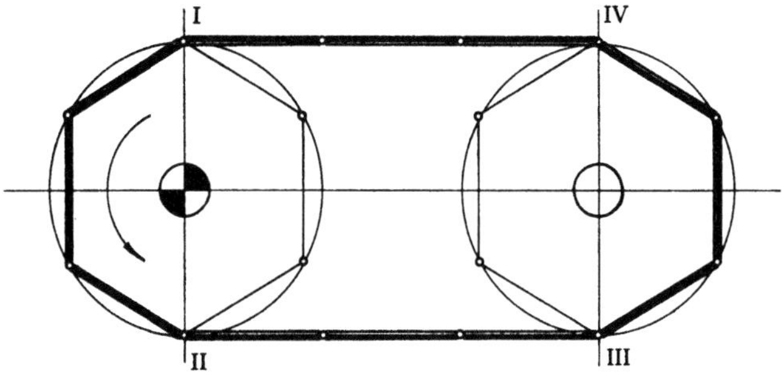

Abb. 7 Herkömmlicher Kettentrieb

2.3.2 *Die Kräfteverhältnisse infolge Zugkraft*

Die Zugkraft in der Kette eines Kettentriebes baut sich grundsätzlich stufenweise auf. Die Höhe der Stufen entspricht auf dem geradlinigen Trums dem Laufwiderstand W eines Gliedes, der sich aus den Reibungswiderständen zwischen Bolzen und Lasche, dem Reibungs- und Rollwiderstand der Führungsrollen und dem Luftwiderstand zusammensetzt. Die zur Bewegung benötigte Leistung L_e wird

$$L_e = \frac{W \cdot f}{t}$$

mit f = Weg eines Kettengliedes.

Die analoge Kräftegleichung lautet (Abb. 8):

$$P_n = P_{n-1} + W.$$

Auf den Kettensternen ändert sich die Zugkraft nicht nur nach Betrag, sondern auch nach Richtung. Der in Abb. 9 dargestellte treppenartige Aufbau wird in der Phase der Umlenkung durch einen Abbaufaktor bewirkt. Die größte Kraft tritt beim Auflauf der Kette auf den angetriebenen Kettenstern auf (I, Abb. 9). Sie wirkt also jeweils in dem hinter dem Trumführungspunkt liegenden Glied und an dem ersten in Eingriff befindlichen Zahn. Über dem angetriebenen Ketten-

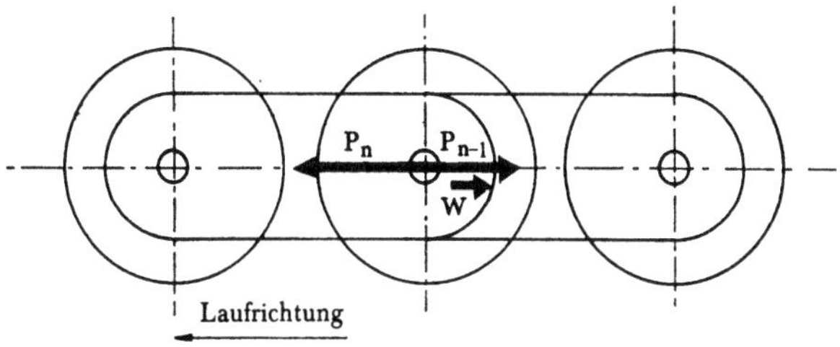

Abb. 8 Schematische Darstellung der Kräfteverhältnisse im geradlinigen Trum

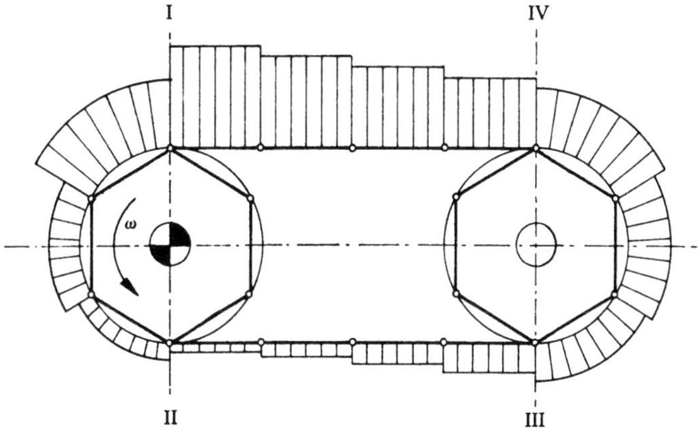

Abb. 9 Schematische Darstellung der Zugkraftverteilung über einem Kettentrieb

stern wird die Kettenzugkraft bis zur kleinsten in der Kette wirkenden Zugkraft abgebaut (II, Abb. 9).

Ist der Flankenwinkel der Verzahnung γ der Winkel zwischen der Symmetrieachse eines Zahnes und der Tangente an den Zahn im Berührungspunkt von Bolzen und Zahn, so ist der wirksame Flankenwinkel γ_w der Winkel zwischen der Verbindungslinie der Mittelpunkte zweier Bolzen und der Normalen im Berührungspunkt von Bolzen und Zahnflanke (Abb. 10). Der Winkel ε berücksichtigt die Verschiebung des Bolzens aus der Mitte der Zahnlücke infolge des Zahnlückenspiels. Es besteht die Beziehung [2, S. 127]:

$$\gamma_w = \gamma - \varepsilon.$$

Wir nehmen an, daß der Bolzen reibungsfrei in einem Punkt auf der Zahnflanke liegt. Die Richtung der vom Zahn auf den Bolzen ausgeübten Kraft ist damit durch die Normale gegeben. Auf den Bolzen wirken zwei Laschenkräfte und eine Zahnkraft (Abb. 11). Nach dem Sinussatz ergibt sich aus dem Krafteck der Abbaufaktor (vgl. [2, S. 125])

$$A = \frac{P_n}{P_{n-1}} = \frac{\sin \gamma_w}{\sin 180 - (\alpha + \gamma_w)} = \frac{\sin \gamma_w}{\sin (\alpha + \gamma_w)} \quad \text{für} \quad n = 2, 3, 4, \ldots,$$

der für die gesamte Umlenkung mit Ausnahme der Einlaufzone gilt. Im Bereich

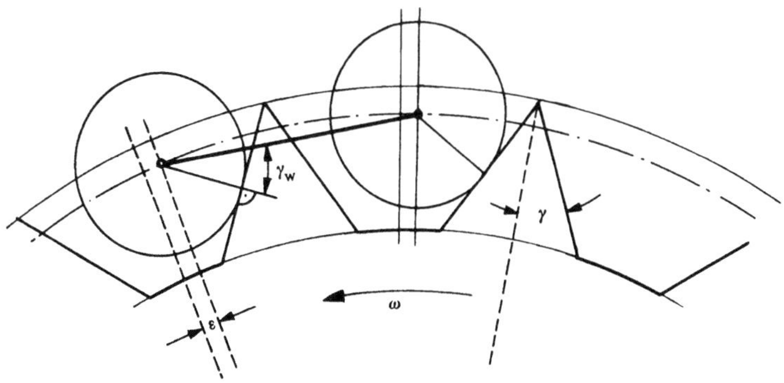

Abb. 10 Winkeldefinition am Kettenstern

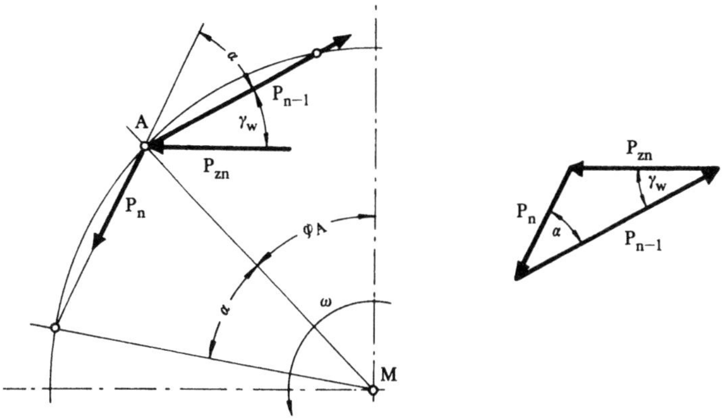

Abb. 11 Lageplan und Krafteck der auf den Bolzen *n* wirkenden Kräfte bei der Umlenkung einer Kette auf dem Antriebskettenstern (Annahme: Reibungsfreiheit)

des Einlaufes für $-\frac{\alpha}{2} \leqq \varphi_A \leqq \frac{\alpha}{2}$ ist der Winkel zwischen der Zugkraft P_0 im Trumführungsglied und der Zahnkraft um $\left(\frac{\alpha}{2} - \varphi_A\right)$ größer als γ_w:

$$\frac{P_1}{P_0} = \frac{\sin\left(\frac{\alpha}{2} + \gamma_w - \varphi_A\right)}{\sin(\alpha + \gamma_w)}.$$

Die Laschenkraft nimmt über dem Umfang nach

$$P_n = P_1 \cdot A^{n-1} \quad \text{für} \quad n = 2, 3, 4, \ldots$$

ab.

Der Abbaufaktor liegt zwischen 0 und 1 und nimmt für $z \to \infty$ den oberen Grenzwert an. Er ist nur von der Geometrie des Kettensternes abhängig.

In dem gleichen Maße wie zwischen den Richtungen der Laschenkräfte P_0 und P_1 in der Einlaufzone ein Winkel entsteht, weil die eine Lasche abgewinkelt wird, baut sich die Zahnkraft P_{z_1} als Gleichgewicht haltende Kraft auf:

$$\frac{P_{z_1}}{P_0} = \frac{\sin\left(\frac{\alpha}{2} + \varphi_A\right)}{\sin(\alpha + \gamma_w)}.$$

Sie erreicht ihren Maximalwert bei $\varphi_A = \frac{\alpha}{2}$. Für eine beliebige Zahnkraft gilt ebenfalls nach dem Sinussatz (Abb. 11):

$$\frac{P_{z_n}}{P_{n-1}} = \frac{\sin\alpha}{\sin(\alpha + \gamma_w)} \quad \text{für} \quad n = 2, 3, 4, \ldots$$

Die Zahnkraft wird ähnlich den Laschenkräften über dem Umfang des Kettensternes abgebaut.

Je geringer die Zähnezahl des angetriebenen Kettensternes ist, desto größer werden die Stufen. Desto ruckartiger wirkt sich aber auch die Erscheinung der Niveauerhöhung der Zugkraft infolge des Wechsels der in Eingriff befindlichen Zähnezahl aus. Stellt man sich einen Kettenstern mit beispielsweise 6 Zähnen vor, so sind davon normalerweise 3 in Eingriff. Es gibt jedoch eine Zwischenstellung, bei der nur 2 Zähne in Eingriff sind. Auf Grund seiner Abhängigkeiten wird der Abbaufaktor hiervon nicht betroffen. Vielmehr hebt sich das Zugkraftniveau, weil das vorher durch 3 Zähne übetragene Drehmoment nun von 2 Zähnen in die Kette geleitet werden muß. Die Änderung der Zugkraft ist minimal, da der ausgefallene dritte Zahn nur noch wenig zur Drehmomentübertragung beigetragen hat (vgl. Abb. 9). In der vorliegenden Arbeit wird diese Zugkraftänderung daher nicht berücksichtigt. Als Schwingungserreger des geradlinigen Trums ist die Erscheinung allerdings nicht vernachlässigbar.

Welche Größe die Abstufungen auf dem Kettenstern haben, und welche Niveauerhöhung durch den Wechsel der in Eingriff befindlichen Zähnezahl hervorgerufen wird, verdeutlicht das folgende Beispiel:

$$\text{Zähnezahl} \quad z = 6; \quad \gamma_w = 10°; \quad \alpha = 60°$$

Zugkraft im letzten Glied des Lasttrums zu $P_0 = 100$ kp angenommen:

$$P_1 = P_0 \frac{\sin 10°}{\sin 70°} = 0{,}185\, P_0 = 18{,}5 \text{ kp} \quad \text{für die Stellung} \quad \varphi = \frac{\alpha}{2}$$

$$P_2 = P_1 \cdot A = P_1 \frac{\sin 10°}{\sin 70°} = P_1 \cdot 0{,}185 = 3{,}4 \text{ kp}.$$

Bei nur zwei im Eingriff befindlichen Zähnen teilt sich P_2 im Verhältnis $P_0 : P_1$ auf P_0 und P_1 auf:

$$P_0 = 102{,}9 \text{ kp}; \quad P_1 = 19{,}0 \text{ kp}.$$

Bei Berücksichtigung der Reibung müssen die Kraftrichtungen um den Reibungswinkel $\alpha = \text{arc tg}\mu$ geändert werden (μ ist hier der effektive Reibungswinkel, nicht der Grenzwert). Man erhält den wirklichen Abbaufaktor A_w.
Zusammenfassend kann die Kettenzugkraft folgendermaßen gekennzeichnet werden:

1. Die Zugkraft baut sich stufenweise auf, wobei die Stufenhöhe auf den Kettensternen durch A, in den geradlinigen Trums durch den Laufwiderstand der Kettenglieder gegeben ist.
2. Der Betrag der Zugkraft schwankt periodisch mit der Zahneingriffsfrequenz.
3. Der Betrag der Zugkraft schwankt periodisch mit dem Wechsel der in Eingriff befindlichen Zähnezahl.

2.3.3 Die Anteile der Zugkraft

2.3.3.1 Die Zugkraft infolge Nutzmoment

Allgemein wird die Zugkraft in der Kette, die durch das Nutzmoment entsteht, durch die Gleichung

$$P_N = \frac{M_d}{R}$$

wiedergegeben. Häufig vernachlässigt man den Fliehkraftanteil wegen der geringen Kettengeschwindigkeit und den Anteil der statischen Belastung wegen des relativ geringen Eigengewichtes der Kette, so daß die Zugkraft infolge Nutzmoment die »Zugkraft schlechthin« darstellt.
Soll die mit der Zahneingriffsfrequenz periodische Änderung der Zugkraft berücksichtigt werden, die durch die unterschiedlichen Lagen des Trumführungspunktes (Abb. 12) hervorgerufen wird, so kann man auf Grund der geometrischen

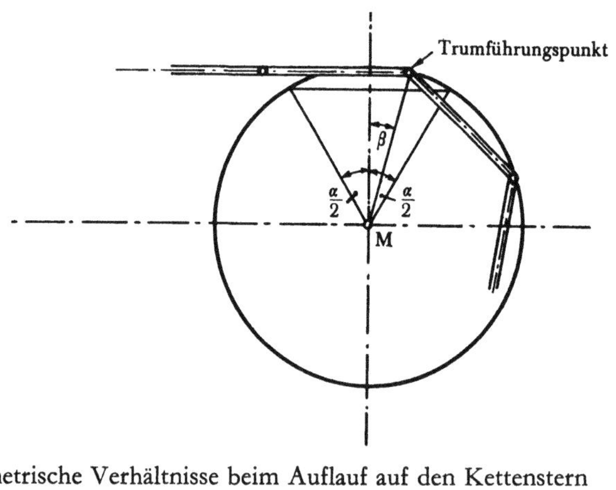

Abb. 12 Geometrische Verhältnisse beim Auflauf auf den Kettenstern (s. auch Abb. 1)

Verhältnisse folgende Gleichungen aufstellen [2, S. 115]:

$$\tilde{P} = \frac{M_d}{R \cdot \cos \beta} \quad \text{mit} \quad \tilde{P}_{\min} = \frac{M_d}{R} \quad \text{und} \quad \tilde{P}_{\max} = \frac{M_d}{R \cdot \cos \alpha/2}.$$

Da bei einer Zähnezahl von $z = 10$ die Maximalkraft nur 5–6% über der Minimalkraft liegt, kann für die Berechnung eines Kettentriebes die allgemeine Gleichung mit genügender Genauigkeit verwendet werden.

2.3.3.2 Die Zugkraft infolge statischer Belastung

Unter der statischen Belastung versteht man den Stützzug, der durch das Eigengewicht der Kette hervorgerufen wird, und die durch eine Spannstation aufgebrachte Kettenspannung. Es handelt sich hierbei um eine in der Kette wirkende Längskraft, die sich der Zugkraft infolge Nutzmoment überlagert.
Die statische Belastung ist in erster Linie vom Durchhang d oder dem relativen Durchhang $d_r = d/L_L$ (L_L = Länge des Leertrums) des Leertrums abhängig. Für Rollenketten wird ein üblicher relativer Durchhang von 1 bis 3% angegeben [2, S. 119]. Der Durchhang muß einerseits so groß sein, daß Schwellbelastungen zum Teil durch ihn aufgefangen werden können, darf andererseits aber nicht so groß sein, daß die Kette über die Verzahnung steigt. Weiterhin muß gewährleistet sein, daß der durch die Fliehkraft bei hohen Geschwindigkeiten entstehende Fliehzug nicht zu einem Aufsteigen der Kette auf die Verzahnung führt.
Für Durchhänge von 1 bis 5% gibt Rachner [2, S. 119] näherungsweise die Beziehung

$$P_{Sp;2} = q \cdot L \cdot \sqrt{\left(\frac{L}{8\,d}\right)^2 + \left(\frac{1}{2}\right)^2}$$

oder auch nur deren Horizontalkomponente

$$P_{Sp;3} = \frac{q \cdot L^2}{8\,d}$$

an, wie man leicht nachweisen kann.
Wird die Kette in den geradlinigen Trums durch Schienen unterstützt, so spielt die Belastung infolge Eigengewicht keine Rolle mehr.

2.3.3.3 Die Zugkraft infolge Fliehkraft

Wie jede Masse, die sich in Rotation befindet, unterliegen die auf dem Kettenstern befindlichen Glieder einer laufenden Kette der Fliehkraft. Dadurch treten gleichgewichthaltende Kräfte in Längsrichtung des Kettengliedes auf, die sich wegen der Verbundwirkung über die ganze Kette ausbreiten und für die sich die Bezeichnung »Fliehzug« eingeführt hat.
Denkt man sich die Masse eines Kettengliedes in seinem Bolzenmittelpunkt vereinigt, so kann man die Fliehkraft folgendermaßen ausdrücken:

$$F = m_{\text{Glied}} \cdot \frac{v^2}{R}.$$

Die Kräfte, die der Fliehkraft das Gleichgewicht halten, folgen aus dem Krafteck in Abb. 13 zu

$$P_F = \frac{F}{2 \sin \alpha/2} = \frac{m_{\text{Glied}} \cdot v^2}{T}$$

$$\text{mit } R = \frac{T}{2 \sin \alpha/2}$$

Der Fliehzug ist für alle Glieder des Kettentriebes gleich groß.

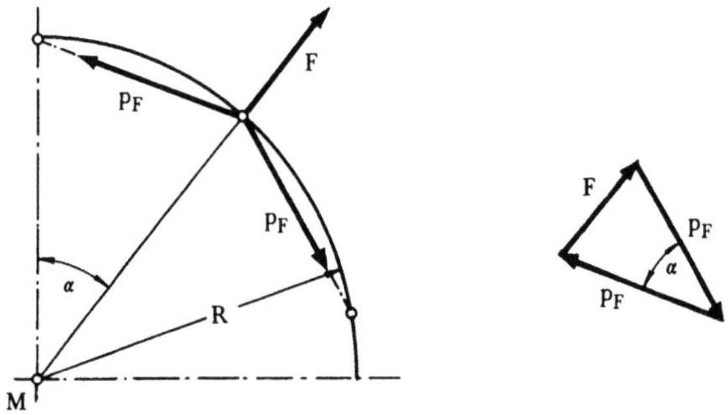

Abb. 13 Darstellung der Fliehkraftwirkung auf die Kette

2.4 Stöße am herkömmlichen Kettentrieb

Der Einlaufstoß tritt periodisch mit der Zahneingriffsfrequenz auf und ist für den starken Verschleiß an den Kettengelenken und Zahnflanken sowie für vielfache Kettengeräusche verantwortlich. Seine Heftigkeit kann durch Stoßgeschwindigkeit und Stoßenergie beschrieben werden. Die Vorgänge sind noch nicht restlos erforscht, so daß weitgehende Annahmen getroffen werden müssen. Die Rechnung ist von WOROBJEW [1, S. 133] und RACHNER [2, S. 136] ausgeführt worden.
Die Energie, die am Aufprallen der Kettenglieder auf die Führungsbahn nach Ablauf vom Kettenstern beteiligt ist, wurde bereits im Kapitel 2.2.2 berechnet. Hier ist der Umlenkeffekt die Ursache.

2.5 Schwingungen am herkömmlichen Kettentrieb

Die Schwingungen des Zweirad-Kettentriebes sind im allgemeinen komplex und unübersichtlich. Sie werden von RACHNER [2, S. 94 ff] beschrieben. Es lassen sich folgende Hauptarten unterscheiden:

1. Transversale Schwingungen des Kettentrums,
2. Longitudinale Schwingungen des Kettentrums und
3. Drehschwingungen des Kettentriebes.

Das schwingungsfähigste Gebilde des Kettentriebes ist die Kette in ihrem freien Trum. Sie wird durch das Zusammenwirken aller Schwingungsarten außerordentlich stark beansprucht.

Bei transversalen Schwingungen schwingt die Kette senkrecht zu ihrer Laufrichtung. Diese Schwingungen sind eine Folge der Bewegung des Trumführungspunktes senkrecht zur Richtung des geradlinigen Kettentrums (2. Polygoneffekt) und des Rundlauffehlers der Verzahnung.
Die Schwingungen in Richtung des geradlinigen Trums werden als longitudinale Schwingungen bezeichnet. Die Erregung erfolgt durch die unterschiedliche Geschwindigkeit in Richtung des geradlinigen Kettentrums (1. Polygoneffekt).
Drehschwingungen, die periodisch die gleichförmige Drehbewegung überlagern, können große zusätzliche Lasten durch Schwellbeanspruchung in die Kette hereinbringen. Es lassen sich vier verschiedene Erregungen unterscheiden:

I. die Erregung durch Polygonwirkung der Kettensterne,

II. die Erregung durch den Rundlauffehler der Kettenradverzahnung,

III. die Erregung durch Teilungsungenauigkeiten in der Kette,

IV. die Erregung durch Antriebs- oder Abtriebsaggregate.

3. Konstruktiver Teil: Der Kettenstern mit Ausgleichsgetriebe

3.1 Die kinematisch-geometrische Konzeption des Kettensternes mit Ausgleichsgetriebe

3.1.1 Allgemeines

Der allgemeine theoretische Teil zeigt, daß beim Kettentrieb störende Effekte auftreten, weil die Ketten abwechselnd Translation und Rotation vollführen. Kettenglieder, die sich nur in translatorischer oder nur in rotatorischer Bewegung befinden, würden keine störenden Effekte verursachen. Die gefährdeten Stellen eines Kettentriebes sind die Übergänge von Translation zu Rotation und umgekehrt. Hier treten Polygon- und Umlenkeffekt auf. Arbeiten zur Verbesserung des Kettenlaufes müssen daher an diesen Stellen ansetzen.

3.1.2 Verminderung der störenden Effekte im Bereich des Ein- und Auslaufes

Um die Beeinflussung des Kettenlaufes im geradlinigen Trum durch Polygon- und Umlenkeffekt zu verhindern, soll

1) der Abbau des 2. Polygoneffektes für die Kette (Bewegungsänderung senkrecht zur Richtung des geradlinigen Kettentrums) durch einen geraden Ein- und Auslauf am Kettenrad,
2) der Abbau des 1. Polygoneffektes für die Kette (Bewegungsänderungen in Richtung des geradlinigen Kettentrums) durch eine bei Ein- und Auslauf konstante Kettengeschwindigkeit,
3) der Abbau des Umlenkeffektes für die Kette (Bestreben der Kettenglieder, sich hinter dem Kettenrad einzurollen) durch eine beim Auslauf vorhandene Kettenführung erreicht werden.

Aus 1) folgt ein statischer Sekanteneinlauf, der nur eine Bewegung der Kettenglieder in Richtung des geradlinigen Trums gestattet. Die Glieder führen also keine Koppelbewegungen mehr aus, wie dies beim normalen Sekanteneinlauf der Fall ist (Abb. 14).

Aus 2) ergibt sich die Forderung nach konstanter Geschwindigkeit der Kettenglieder. Läuft das Glied unter Beibehaltung der Geschwindigkeit im geradlinigen Trum auf einer Einlaufsehne ein, deren Länge mindestens gleich der Kettenteilung ist, werden sich die mit dem Übergang Translation/Rotation verbundenen Effekte dem geradlinigen Kettentrum nicht mitteilen. Dies geschieht dadurch, daß das Kettenglied erst mit der Umlenkung beginnt, wenn sein zweiter Bolzen bereits in Eingriff gekommen ist (vgl. Abb. 18).

Für 3) muß das Kettenglied am Auslauf geführt sein. Diese Forderung wird automatisch erfüllt, wenn die beiden anderen verwirklicht werden, wie später noch erklärt wird.

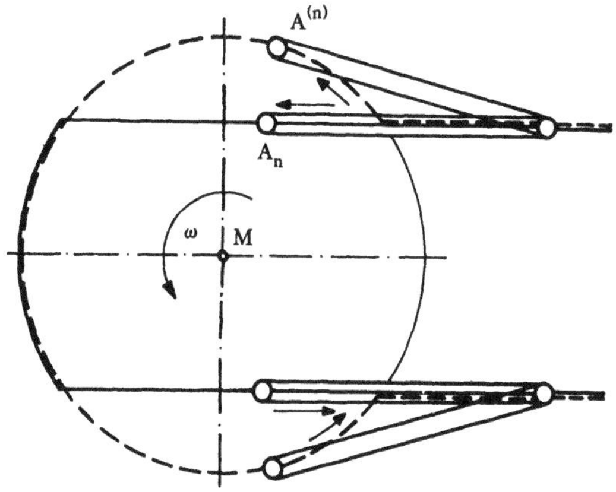

Abb. 14 Bahn der Kettenbolzenmittelpunkte $A^{(n)}$ bei herkömmlichem Sekanteneinlauf (- - -), A_n bei statischem Sekanteneinlauf (——)

Die Veränderungen am herkömmlichen Kettentrieb, die sich aus den Forderungen ergeben, umfassen somit

1. den statischen Sekantenein- und -auslauf und
2. die konstante Geschwindigkeit der Glieder über dem Ein- und Auslauf.

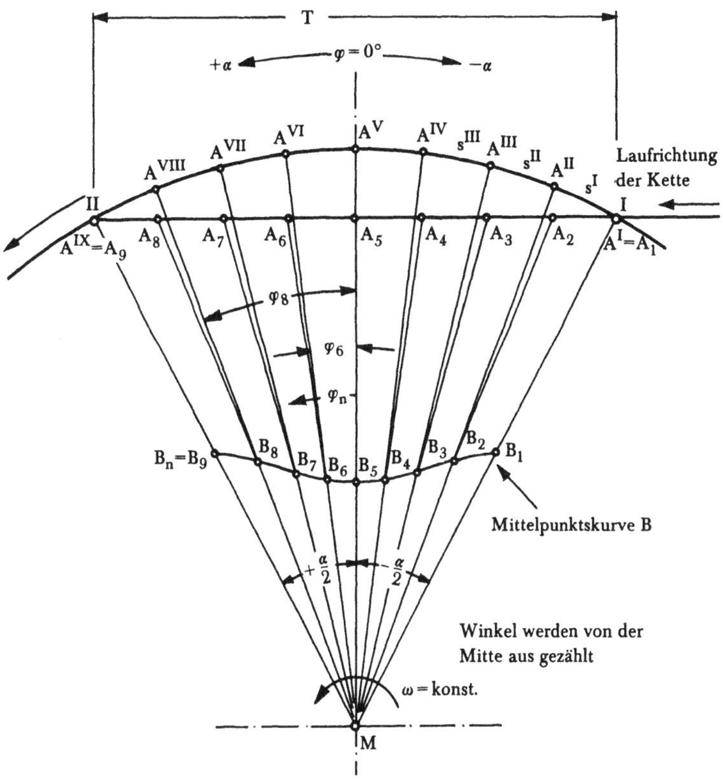

Abb. 15 Darstellung der Einlaufverhältnisse bei Einlaufsehne = Kettenteilung

In Abb. 15 wird der Kreisausschnitt über dem Winkel α der Einlaufzone betrachtet. $A_1 A_9$ sei die Sehne, auf der das Kettenglied, hier dargestellt durch seine Bolzenmittelpunkte A, einläuft. Wegen der Forderung nach einem statischen Sekanteneinlauf laufen die Kettenglieder über diese Sehne ein, während sie beim herkömmlichen Kettentrieb dem Teilkreis folgen würden. Die Sehne ist daher der geometrische Ort für die Lage aller Bolzenmittelpunkte A_n. Die Punkte des Teilkreises sind mit $A^{(n)}$ bezeichnet worden. Die Länge der Sehne ist gleich der Kettenteilung.

Da wir annehmen, daß das Kettenrad mit konstanter Winkelgeschwindigkeit umläuft, legt der Radius $MA^{(n)}$ in gleichen Zeiten gleiche Winkel zurück. α ist daher in $2\,x = 8$ gleiche Teile geteilt. Zwischen den Endpunkten $A^{(n)}$ der Radien liegen zeitproportionale Bögen.

Bei konstanter Geschwindigkeit des Bolzenmittelpunktes A_n auf der Einlaufgeraden werden in gleichen Zeiten gleiche Strecken zurückgelegt. Die Strecke $A_1 A_9$ ist in ebenfalls $2\,x = 8$ gleiche Teile geteilt. Hiermit entspricht jedem Punkt $A^{(n)}$ auf dem Teilkreis ein zeitgleicher Punkt A_n auf der Sehne.

Hierdurch ist die Verbindung zwischen dem mit konstanter Winkelgeschwindigkeit umlaufenden Kettenrad und dem mit konstanter Geschwindigkeit auf der Sehne einlaufenden Kettenglied hergestellt. Nach einer bestimmten Zeit t muß der Radius MA^{I} auf MA^{II} gefallen sein, der Punkt A_1 nach A_2 gewandert sein; nach $2\,t$ liegt der Radius MA^{II} auf MA^{III}, der Punkt A_1 auf A_3 usw. Während die Punkte A_1, A_5 und A_9 auf den Radien MA^{I}, MA^{V} und MA^{IX} liegen, eilen für $0 \leqq \varphi_n \leqq \frac{\alpha}{2}$ die Punkte A_n den Radien voraus; für $-\frac{\alpha}{2} \leqq \varphi_n \leqq 0$ bleiben sie hinter diesen zurück.

Für einen beliebigen Zeitpunkt erhalten wir

$$A_5 A_n = \frac{\varphi_n}{\alpha/2} \cdot T/2; \quad v_h = \frac{d(A_5 A_n)}{dt} = \frac{\dot{\varphi}_n}{\alpha} \cdot T = \frac{z \cdot T \cdot n}{60} \quad \text{für} \quad \omega = \text{const.}$$

Dies ist die mittlere Geschwindigkeit der Kette über dem gesamten Kettentrieb (vgl. Kap. 2.2.2).

Das Problem, die Bewegung des Punktes A_n durch das mit konstanter Winkelgeschwindigkeit umlaufende Kettenrad zu erzeugen, kann durch die Einführung einer frei wählbaren Strecke AB gelöst werden, deren Endpunkt A mit den Punkten A_n auf der Einlaufsehne identisch ist und deren Endpunkt B auf dem entsprechenden, zeitgleichen Radius liegt. Die Bewegung des Punktes A setzt sich dann aus folgenden Anteilen zusammen:

1. Drehung des Radius $MA^{(n)}$ mit dem auf ihm liegenden Punkt B_n um M,
2. Drehung der Strecke AB um B_n und
3. radiale Lagenveränderung des Punktes B_n gegenüber M.

Beim herkömmlichen Kettenstern stehen die Elemente Kette und Kettenstern in direkter formschlüssiger Verbindung, hier erfordert die Bewegung des Punktes A_n die Zwischenschaltung eines dritten Elementes zwischen Kette und Kettenrad. Charakteristischer Punkt dieses Elementes, das wir als Zahnträger bezeichnen wollen, ist der Punkt B. Durch den Ausgleich der störenden Bewegungen des Kettengliedes ermöglicht der Zahnträger die Einhaltung der geforderten Bedingungen. Konstruktiv erhält man die Punkte B_n als Schnittpunkte der Kreise mit AB um A_n und der entsprechenden Radien $MA^{(n)}$; rechnerisch lassen sie sich ebenfalls auf einfache Weise bestimmen.

Die Verwirklichung der Bewegung des Punktes A durch den Zahnträger zeigt Abb. 16. Dieser besteht aus einem T-Stück mit dem gedachten Endpunkt A_n als Mittelpunkt der Zahnlücke (der die Zahnlücke ausfüllende Kettenbolzen liegt fest auf dem Zahnträger, so daß der Kettenbolzenmittelpunkt als Punkt des Zahnträgers angesehen werden kann), dem Hilfspunkt B und den Rollenmittelpunkten C_1 und C_2.

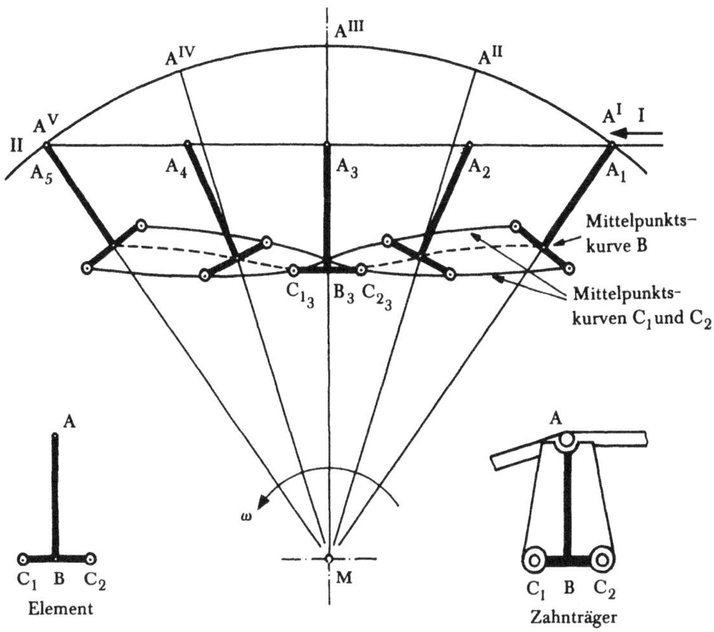

Abb. 16 Verwirklichung des statischen Sekanteneinlaufes und konstanter Geschwindigkeit über dem Einlauf durch den Zahnträger und zwei Steuerkurven

Die radiale Lagenveränderung von B gegenüber M kann durch *eine* feststehende Nockenkurve erzeugt werden, das Kippen der Strecke AB erfordert *zwei* Steuerkurven. Übernehmen die beiden letzteren Kurven auch die Funktion der ersteren, so erhält man *zwei* Steuerkurven, die von den Rollen mit den Mittelpunkten C_1 und C_2 befahren werden müssen. Zweckmäßig setzt man die Rollen gleich weit von B entfernt in einem rechten Winkel an AB an, so daß das in Abb. 16 dargestellte T-Stück entsteht. Aber auch jede andere feste Lage der Rollen gegenüber AB ist möglich. Die Einhaltung der einfachsten Gestaltung des Zahnträgers wird aus konstruktiven Gründen nicht immer möglich sein.

Der Punkt B ist nunmehr nur noch Hilfspunkt, seine Kurve eine zur Konstruktion der Bahnen von C_1 und C_2 notwendige Hilfskurve. Die Hüllkurven an die Kreise mit dem Rollenradius um C_1 und C_2 sind die gesuchten Steuerkurven. Die Bewegung des Punktes A wird somit durch folgende technische Elemente erzeugt:

1) Antrieb des Punktes B mit konstanter Winkelgeschwindigkeit durch eine formschlüssige Verbindung zwischen Antriebsrad und Zahnträger;
2) radiale Lagenveränderung durch die Steuerkurven C_1 und C_2 in Verbindung mit einer radial beweglichen Ausführung der formschlüssigen Verbindung unter 1);
3) Vor- und Nacheilen des Punktes A gegenüber dem Radius durch die Steuerkurven C_1 und C_2 zusammen mit einer in B gelenkigen Ausführung der formschlüssigen Verbindung unter 1).

Der Kettenbolzen kommt bei I (Abb. 15) in Eingriff, ohne daß sich an seiner Geschwindigkeit oder Bahnrichtung etwas ändert, d. h. aber, daß Bolzen und Zahn stoßfrei ineinandergeführt werden. Sobald der Bolzen die Stelle II erreicht, beginnt seine Umlenkung. Gleichzeitig gelangt bei I ein neuer Bolzen in Eingriff, der eine Auswirkung der nachteiligen Effekte des ersten Bolzens auf die Kette verhindert. Die gleichzeitige Umlenkung des ersten und der Eingriffsbeginn des zweiten Bolzens des Kettengliedes lassen sich aber in der Praxis wegen Teilungsungenauigkeiten, Abnutzung und der Längentoleranz der Kette nicht verwirklichen. Aus diesem Grund wird die Einlaufsehne größer als die Kettenteilung ausgeführt (s. Abb. 17 und 18). Dadurch ändern sich weder die Daten des Kettenrades noch die prinzipielle Konstruktion der Steuerkurven. Statt des Winkels α, der für den Kreisausschnitt über einer Teilung reserviert ist, benutzen wir jetzt γ als Winkel über der Einlaufsehne.

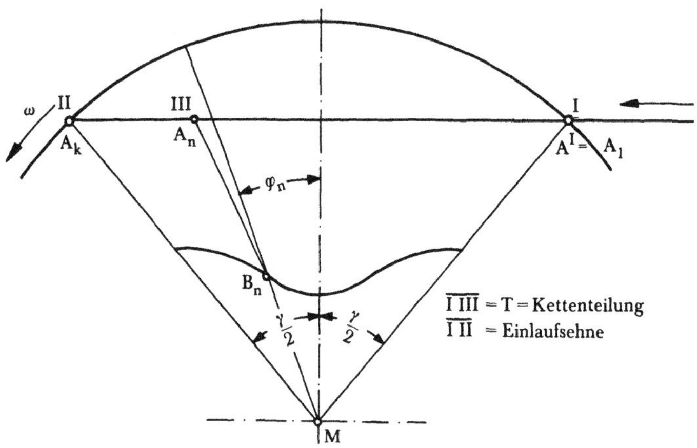

Abb. 17 Darstellung der Einlaufverhältnisse bei Einlaufsehne > Kettenteilung

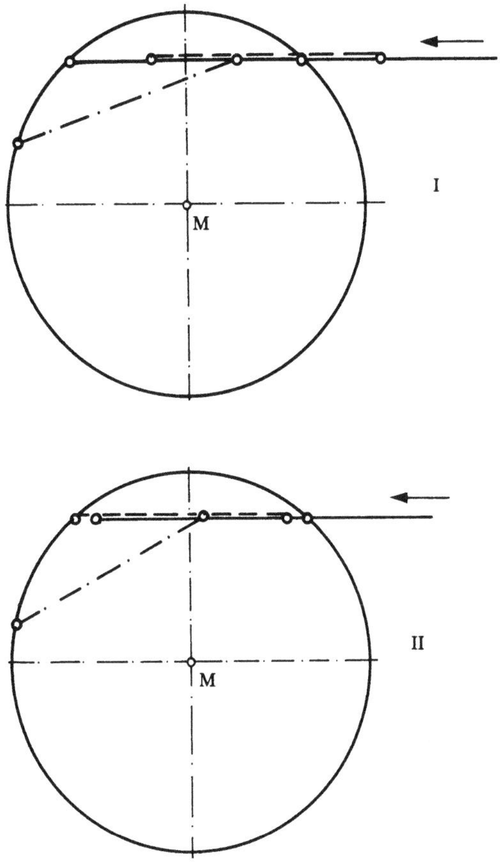

Abb. 18 Charakteristische Stellungen des Kettengliedes während des Einlaufes bei Sehnenlänge = Kettenteilung (I) und Sehnenlänge > Kettenteilung (II)

Durch den statischen Sekantenauslauf wird die Differenzenergie des Kettengliedes (Umlenkeffekt) abgebaut, so daß es mit rein translatorischer Bewegung vom Kettenstern ablaufen kann.

3.1.3 Verminderung der störenden Effekte im Bereich der Übergangskurve

Die Bahn des Bolzenmittelpunktes A auf dem Kettenrad kann in acht Bereiche unterteilt werden (Abb. 19). Die Bereiche I und V als Bereiche des statischen Sekantenein- und auslaufes; II, IV, VI und VIII als Bereiche der Übergangskurve, die zum Ausgleich der durch den statischen Sekantenein- und -auslauf entstehenden Teilungsfehler benötigt werden, sowie III und VII als Bereiche der Kreiskurve entsprechen sich und sind klappsymmetrisch um die $\varphi = 0°$ und $\varphi = 90°$-Achse. Über den Bereichen VI bis VIII ist der Punkt A nur gedacht, da hier die Kette fehlt. Die Hilfskurve B weist die gleichen Bereiche auf und ist ebenfalls klappsymmetrisch zu den beiden genannten Achsen. Die Steuerkurven

C_1 und C_2 haben anderen Charakter, da C_1 und C_2 der Strecke AB vor- oder nacheilen. Ihre Bereichsgrenzen decken sich nicht mit denen der Kurven A und B. Als Beispiel für den Bereich der Übergangskurve wird der Bereich II besprochen. Die Ergebnisse sind unter Berücksichtigung der Symmetrieverhältnisse auf die entsprechenden Bereiche übertragbar.

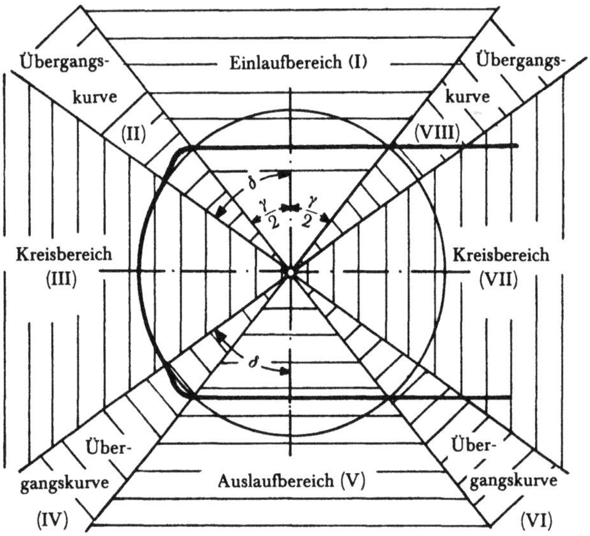

Abb. 19 Einteilung des neuartigen Kettensternes in acht Bereiche

3.1.3.1 Die Bedingungen für die Übergangskurve

Die Übergangskurve hat zunächst die Aufgabe, den infolge des statischen Sekanteneinlaufes bei $\varphi = \alpha/2$ entstandenen Knick in der Bahnkurve von A durch einen stetigen Übergang zwischen Sehne und Kreis zu ersetzen.

Eine außerhalb des Teilkreises verlaufende Übergangskurve ist weiterhin notwendig, um die in der Einlaufzone verursachten Teilungsungenauigkeiten auszugleichen. Bei einer Gesamtzähnezahl von zehn Zähnen liegen auf jedem Viertel 2,5 Teilungen, die sich in jeder momentanen Kettengliedverteilung nachweisen lassen müssen. Diese Forderung ist für Glieder, die auf einem Kreis umlaufen, leicht einzuhalten, da alle Glieder senkrecht zum Radius über Winkeln gleicher Größe liegen (s. Abb. 20). Beim neuartigen Kettenstern trifft dies nur für die Kettenglieder zu, die sich auf dem Kreis im Bereich III und bei Längengleichheit von Einlaufsehne und Kettenteilung ganz auf der Sehne befinden. Alle anderen Kettenglieder füllen den für sie vorgesehenen Winkel α nicht aus, weil sie nicht senkrecht zum Radius liegen. Würde es sich nur um umzulenkende Massenpunkte handeln, müßte die Übergangskurve die Längendifferenz zwischen dem Kreisbogen und der dazugehörigen Einlaufsehne ausgleichen. Im Falle der Umlenkung von Kettengliedern muß die gesamte Lage des Gliedes berücksichtigt werden. Bei Längengleichheit von Einlaufsehne und Kettenteilung muß die Übergangskurve bei $\varphi = \alpha/2$ beginnen, wenn sich die hiermit verbundenen Bewegungs-

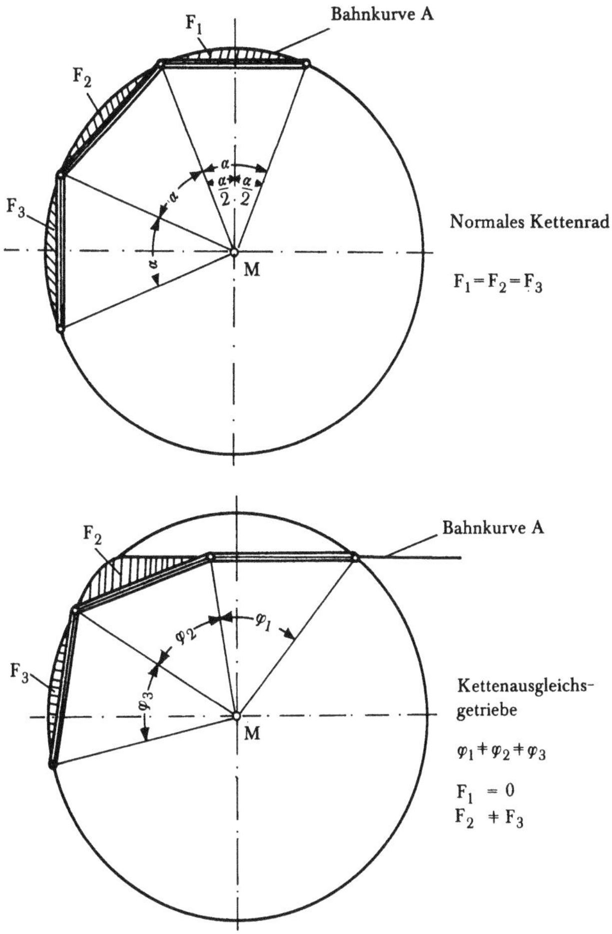

Abb. 20 Veranschaulichung des Teilungsverhaltens auf dem herkömmlichen und dem neuartigen Kettenstern durch einen Flächen- und Winkelvergleich

änderungen dem geradlinigen Trum nicht mitteilen sollen. Für den Fall, daß die Einlaufsehne größer als die Teilung ausgeführt wird, wird man zweckmäßigerweise die Übergangskurve bereits auf der Einlaufgeraden beginnen lassen, da hierdurch ein optimaler Kurvenbogen erreicht werden kann. Das Ende der Übergangskurve ist dagegen nicht bekannt.
Für die Übergangskurve ergeben sich damit folgende Bedingungen (Ausführung der Einlaufsehne größer als die Kettenteilung):

1. Stetiger Übergang in einem noch zu bestimmenden Punkt in die Einlaufsehne (entfällt bei Einlaufsehne = Kettenteilung),
2. stetiger Übergang in einem noch zu bestimmenden Punkt in den Kreis (entfällt bei Einlaufsehne = Kettenteilung),
3. Ausgleich der Teilungsfehler des Einlaufes über dem Winkel $\alpha/2$,

4. gleichmäßiger, nur wenig vom Kreis abweichender Krümmungsverlauf mit möglichst einheitlichem Krümmungssinn,
5. günstiges Beschleunigungsverhalten.

3.1.3.2 Konstruktive Lösung der Übergangskurve

Wegen der anschaulicheren Erklärung soll zunächst der einfachere Fall der Längengleichheit von Einlaufsehne und Kettenteilung untersucht werden. Wir betrachten den Teil der Bahnkurve von A, der sich aus der Einlaufsehne, dem gesuchten Übergangsbogen und dem daran anschließenden Kreisbogen zusammensetzt. Man teilt nun die Bahn des Punktes A im Bereich I (Streckenteilung) und im Bereich III (Winkelteilung) in eine gleiche Anzahl von Teilpunkten auf und numeriert die Teilpunkte in Kettenlaufrichtung von 1 bis n je Bereich (Abb. 21). Ein aus zwei Kettengliedern bestehendes Kettenstück verbindet entsprechende Punkte in den Bereichen I und III. Bewegt sich das Kettenstück aus seiner Ausgangsstellung, der Überdeckung der Bereiche I und II, fort, so kommt sein erster Bolzenmittelpunkt zum Punkt 2 im Bereich III, der mittlere zum Punkt 2 im Bereich II und der letzte zum Punkt 2 im Bereich I. Dann gelangen alle Bolzenmittelpunkte gleichzeitig zu den Punkten 3 der einzelnen Bereiche usw. Hieraus wird ersichtlich, daß sich die Punkte des Übergangsbogens bei gegebenem Kurvenverlauf in den Bereichen I und III konstruieren lassen, indem man um entsprechende Punkte Kreise mit der Teilung als Radius zeichnet. Die Bereichsgrenzen, die sich mit den Teilungen decken, liegen in diesem Fall exakt fest:

Bereich I von $\varphi = -\alpha/2$ bis $\varphi = +\alpha/2$;
Bereich II von $\varphi = +\alpha/2$ bis $\varphi = +3\alpha/2$;
Bereich III von $\varphi = +3\alpha/2$ bis $\varphi = 180 - 3\alpha/2$.

Der Ausgleich erfolgt über einer Teilung. Bei $\varphi = \alpha/2$ und $3\alpha/2$ besitzt die Kurve Knicke, die durch Korrekturen im Wege einer Näherungslösung ausgeglichen werden können. Unterteilt man den Winkel über der Übergangskurve in die gleiche Teilezahl wie vorher die Einlaufsehne, so werden hierdurch die zu den entsprechenden Kurvenpunkten gehörenden Stellungen des umlaufenden Radiusvektors im Bereich II markiert. Es zeigt sich, daß eine geringe Kippung der Strecke AB erfolgt.
Die Kurven B, C_1 und C_2 ergeben sich in derselben Weise wie im Bereich I (s. Kap. 3.1.2).
Wird die Einlaufsehne größer als die Kettenteilung ausgeführt, so ergibt sich folgende Konstruktion der Übergangskurve. Die in beliebig viele Teile (hier 4) unterteilte Kettenteilung wird mittig auf der Sehne abgetragen, so daß an beiden Seiten gleiche Stücke der Einlaufsehne freibleiben (Abb. 22). In den Endpunkten der Teilung errichten wir Lote, deren Schnittpunkte mit dem Kreisbogen wir mit dem Mittelpunkt des Kreises verbinden (dieser Vorgang ist in Abb. 22 aus Übersichtsgründen nicht eingezeichnet). Die so erhaltenen Strahlen spannen den Winkel α auf, den wir in ebenfalls vier gleiche Teile teilen. Zwischen den Teilpunkten auf der Einlaufsehne und dem darüber liegenden Kreisbogen befinden

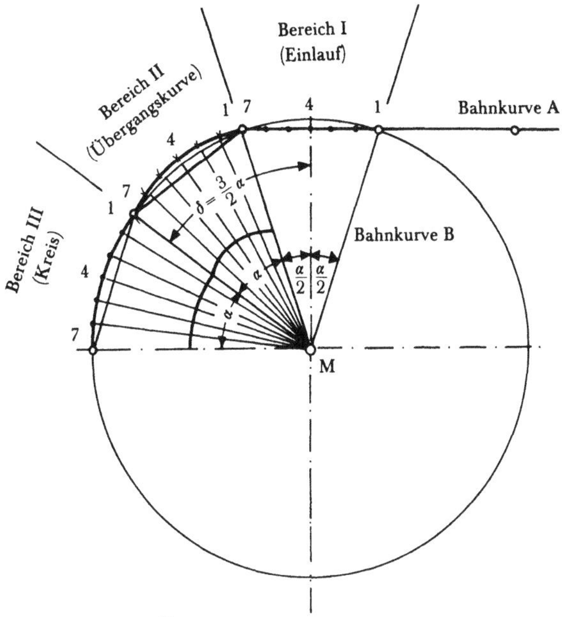

Abb. 21 Konstruktion der Übergangskurve bei Einlaufsehne = Kettenteilung ($z = 10$)

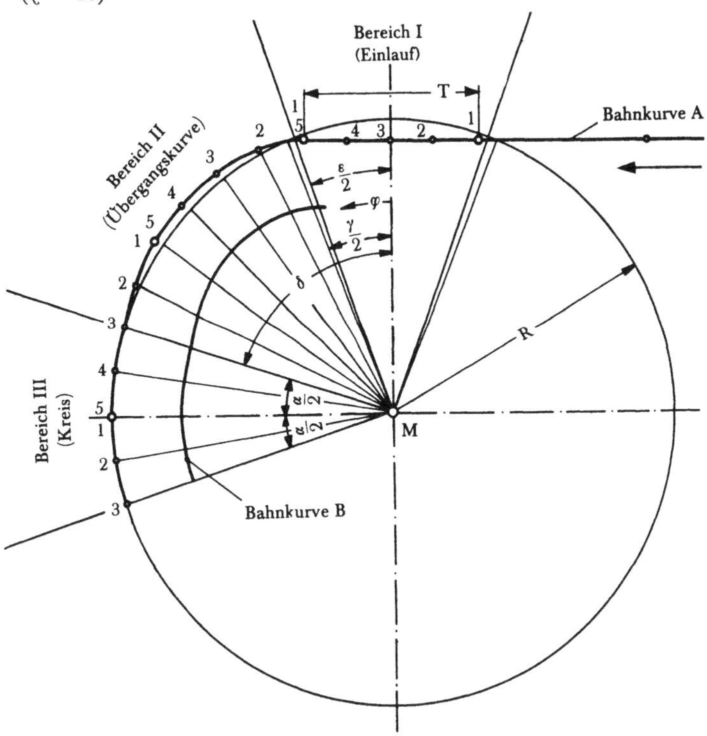

Abb. 22 Konstruktion der Übergangskurve bei Einlaufsehne > Kettenteilung ($z = 10$)

sich zeitproportionale Strecken und Bögen. Die Winkelunterteilung führen wir bis weit in den Kreisausschnitt zwischen $\varphi = 90°$ und $\varphi = 180°$ fort und numerieren die Teilpunkte auf Sehne und Kreisbogen in Kettenlaufrichtung über jeder Teilung von 1 bis 5. Dabei ist zu beachten, daß die Bereichsgrenzen nicht mehr mit den Endpunkten der Teilung zusammenfallen.
Die Grenze zwischen Bereich II und III liegt noch nicht fest und ergibt sich erst nach erfolgter Konstruktion. Zwischen Bereich I und II geben wir die Begrenzung vor, indem wir den Winkel so festlegen, daß sein Schenkel zwischen dem Endpunkt der mittig auf der Sehne liegenden Teilung und dem Schnittpunkt der Sehne mit dem Kreis hindurchläuft. Diese willkürliche Festlegung wird durch eine Näherungslösung später korrigiert. Wir erhalten folgende vorläufigen Bereichsgrenzen:

Bereich I von $\varphi = -\varepsilon/2$ bis $\varphi = +\varepsilon/2$
mit $\gamma/2 > \varepsilon/2 > \alpha/2$ und ε angenommen;

Bereich II von $\varphi = \varepsilon/2$ bis $\varphi = \delta$
mit ε angenommen und δ unbekannt;

Bereich III von $\varphi = \delta$ bis $\varphi = 180 - \delta$
mit δ unbekannt.

Die Bestimmung von Punkten der Übergangskurve kann nur von feststehenden Punkten der Bahnkurve A ausgehen. Um in etwa zu umreißen, wo wirklich feststehende Punkte liegen, bedarf es einer Abschätzung des Winkels δ. Da der Unterschied zur eingangs besprochenen Übergangskurve bei Längengleichheit von Einlaufsehne und Kettenteilung in dem relativ kleinen Stück der verlängerten Einlaufsehne besteht, kann angenommen werden, daß der Ausgleich über nicht mehr als 1,5 Teilungen erfolgt (gemessen vom Endpunkt der ersten Teilung ab). Alle vor diesen 1,5-Teilungen liegenden Punkte der Bahnkurve A sind Punkte der mittig auf der Sehne liegenden Teilung, alle dahinter liegenden solche des Teilkreises, mithin bereits feststehende Punkte der Bahnkurve A.
Um die Punkte 5 in Bereich I und III zeichnen wir Kreise mit der Teilung als Radius, deren Schnittpunkt den Punkt 5 der Übergangskurve ergibt. Es folgen Kreise um die Punkte 4 und 3, die ihre entsprechenden Punkte auf der Übergangskurve ergeben. Wir führen dies solange fort, bis keine zwei korrespondierenden Teilpunkte außerhalb des abgeschätzten Bereiches der Übergangskurve mehr übrigbleiben. Im Falle der Abb. 22 gilt dies bereits für den Teilpunkt 2. Exakt lassen sich also nur die in der Mitte der Übergangskurve liegenden Punkte konstruieren. Hier handelt es sich um die Betrachtung eines aus zwei Kettengliedern bestehenden Teilstückes der Kette, dessen mittlerer Gelenkpunkt durch die Lage der äußeren bestimmt ist.
Der Ausgleich in der Übergangskurve erfolgt über ca. 1,5 Teilungen, wie eine Abschätzung ergeben hat. Es wird also nicht nur einen Gelenkpunkt, sondern auch zwei solche auf der Übergangskurve geben. In diesem Fall, der für die den Bereichsgrenzen benachbarten Punkte der Übergangskurve gilt, stellen wir uns ein dreigliedriges Kettenstück vor, dessen mittleres Glied sich ganz auf der Übergangskurve befindet. Hier wird die Lage der zwei inneren Gelenkpunkte

nicht durch die feststehenden äußeren bestimmt. Man wendet eine Näherungslösung an. Da der mögliche Verlauf der Übergangskurve im Anschluß an die Sehne am besten zu erkennen ist, gibt man zweckmäßigerweise hier einen Punkt der Bahnkurve A vor, indem man seine Lage auf dem Kreis mit der Teilung um den entsprechenden Punkt der Sehne festlegt. Mit Hilfe des angenommenen Punktes und des Punktes gleicher Nummer im Bereich III wird ein zweiter Punkt auf der Übergangskurve gefunden und an seiner Lage die Richtigkeit der getroffenen Annahme abgelesen. In der Regel wird es nötig sein, die Punkte mehrmals zu variieren.

Die Teilpunkte der Übergangskurve liegen nicht auf den zugehörigen Radien, so daß eine Kippung des Zahnträgers erforderlich ist. Die Kurven B, C_1 und C_2 erhält man wie im Bereich I (s. Kap. 3.1.2).

3.1.4 Zusammenfassung

Eine Genauigkeitsbetrachtung ergibt als Fehlerquellen die dem Konstruktionsverfahren anhaftenden Zeichenungenauigkeiten, die sich bei mehrmaliger Verwendung konstruierter Punkte vervielfachen, sowie das Näherungsverfahren und die punktweise Konstruktion der Übergangskurve. Durch Konstruktion in größerem Maßstab kann die Genauigkeit gesteigert werden. Sollen die Kurven in größeren Stückzahlen gefertigt werden, so müßte man zu einer Berechnung des Kurvenlaufes übergehen.

Da das Teilungsverhalten der Kette im Bereich der Übergangskurve nicht einwandfrei ist, können nur geringe Abweichungen vom Teilkreis zugelassen werden. Die Sehne darf nur wenig größer als die Teilung ausgeführt werden, damit die entstehenden Fehler im praktischen Betrieb keine Rolle spielen.

Der neu entworfene Kettenstern ist durch die Zwischenschaltung des Zahnträgers zwischen Antriebsrad und Kette gekennzeichnet. Er weist die drei Elemente Antriebsrad, Zahnträger und Kette auf, die miteinander in formschlüssiger Verbindung stehen. Hierdurch wird es möglich, den statischen Sekantenein- und -auslauf und die Beibehaltung der Geschwindigkeit des geradlinigen Trums zu realisieren. Darüber hinaus wird die Einlaufsehne größer als die Kettenteilung ausgeführt, wodurch Fertigungsungenauigkeiten und Verschleiß keinen Einfluß auf die Verbesserungen ausüben können. Für die Kette im geradlinigen Trum sind sämtliche direkten schädlichen Einflüsse beseitigt, da das Kettenglied erst abgewinkelt wird, wenn sein zweiter Bolzen bereits in Eingriff gekommen ist. Für das schwingungsempfindliche freie Kettentrum ist damit eine hohe Laufruhe gesichert.

Infolge des Wegfalls der plötzlichen Bewegungsänderungen und der Stöße wird auch die Beanspruchung der Kettensterne herabgesetzt. Eine vollständige Beseitigung der Auswirkungen auf den Kettenstern kann aber nicht erwartet werden, da die Steuerkurven, die durch den Abbau des Umlenkeffektes entstehenden und die durch die umlaufenden Zahnträger hervorgerufenen Kräfte aufnehmen und ableiten müssen. Die Steuerkurven sind fest mit dem Traggerüst verbunden, so daß eine einwandfreie Ableitung der Kräfte gesichert ist.

Beim herkömmlichen Kettentrieb baut sich die Zahnkraft über dem Einlaufbereich ($-\alpha/2 \leqq \varphi_A \leqq \alpha/2$) auf und erreicht bei $\varphi_A = \alpha/2$ ihren Maximalwert. Durch die Ineinanderführung von Bolzen und Zahnträger wird für den neuen Kettenstern ein schnelleres Anwachsen der Zahnkraft in der Einlaufzone erreicht. Dadurch verringert sich der Teil der mit einer größeren Laschenkraft P_1 und einer größeren Zahnkraft P_{z2} belasteten Übergangskurve. Der hieraus entstehende Nachteil größerer Stoßwirkung bei höheren Geschwindigkeiten fällt für fördertechnische Kettentriebe mit ihren relativ geringen Drehzahlen kaum ins Gewicht.

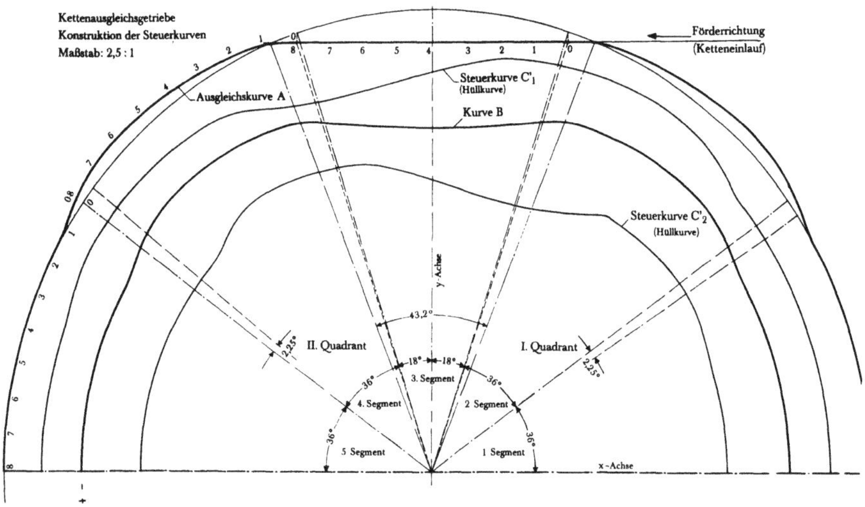

Abb. 23 Die Steuerkurven des vorliegenden Kettenausgleichsgetriebes

Im einzelnen erfährt der mit neuen Kettensternen ausgerüstete Kettentrieb folgende Verbesserungen:

Für die Kette:

1. Beseitigung des 1. Polygoneffektes, d. h. der Bewegungsänderungen in Richtung des geradlinigen Kettentrums, durch die Kippung der Zahnträger,
2. Beseitigung des 2. Polygoneffektes, d. h. der Bewegungsänderungen senkrecht zur Richtung des geradlinigen Kettentrums, durch den statischen Sekanteneinund -auslauf,
3. Beseitigung des Umlenkeffektes, d. h. des Bestrebens der Kettenglieder, sich hinter dem Kettenrad einzurollen, durch den statischen Sekantenauslauf,
4. Berücksichtigung der Fertigungstoleranzen und der Abnutzung von Kette und Zahn durch die verlängerte Ein- und Auslaufsehne;

Für den Kettenstern:

5. Ersatz des Polygoneffektes durch den weniger gefährlichen erweiterten Umlenkeffekt (Definition s. Kap. 4.2.5 und 4.2.6).

Inwieweit eine Beeinflussung des Kettenlaufes durch die Einwirkung äußerer Kräfte und Momente gegeben ist und eine Inkonstanz des Antriebes hervorruft, muß das Experiment zeigen.

3.2 Der Aufbau des Kettensternes mit Ausgleichsgetriebe

3.2.1 Grundsätzliche Richtlinien

Die funktionsgerechte Verwirklichung der Konzeption stellte an Konstruktion und Fertigung besondere Anforderungen. Die technische Ausführung wurde ohne Rücksicht auf eine spätere betriebliche Verwendung rein für Versuchszwecke so ausgelegt, daß durch optimale Genauigkeit eine exakte Antwort auf grundlegende Fragen erhalten werden konnte. In diesem Rahmen ist eine größtmögliche Einfachheit in der Formgebung der Bauelemente angestrebt und auf eine raum- und gewichtssparende Bauweise Wert gelegt worden.
Es wird der Antriebskettenstern beschrieben. Bei Übertragung der Bauweise auf den Abtriebkettenstern ist die geänderte Zugkraftrichtung zu berücksichtigen.

3.2.2 Charakteristische Abmessungen

Als Kette wird eine Hohlbolzen-Rollenkette verwendet (Nr. 01935 der Fa. Wippermann, Hagen-Delstern), die folgende Daten aufweist:

Teilung	135 mm
Innere Breite	20 mm
Rollendurchmesser	48 mm
Hohlbolzenbreite	46 mm
Laschenhöhe	38 mm
Bruchlast	8200 kp
Gewicht	5,6 kp/m

Mit der Zähnezahl $z = 10$ ergibt sich ein Teilkreisdurchmesser des Kettensternes von

$$d_0 = \frac{T}{\sin 180/z} = \frac{135}{\sin 180/10} = 437 \text{ mm.}$$

Die Strecken am Zahnträger betragen:

$$AB = 40 \text{ mm}$$
$$BC_2 = 32 \text{ mm}$$
$$C_1C_2 = 16 \text{ mm}$$
Laufrollendurchmesser = 35 mm
$$BC_1 = 32 \text{ mm}$$

Die Hinterachse ist gekröpft (s. Kap. 3.2.3 und Abb. 26)

Die Einlaufsehne liegt über einem Mittelpunktswinkel von 43,2° und ist 161 mm lang. Gegenüber dem Bogen über demselben Winkel, dessen Länge 164,8 mm beträgt, besteht eine Differenz von 3,8 mm, gegenüber der Teilung eine solche von 26 mm.

3.2.3 Baugruppen und Bauelemente

Der neuartige Kettenstern besteht aus folgenden Baugruppen:

Baugruppe K I Welle (3, Abb. 24), Lager (18, Abb. 24), Antriebsrad (2, Abb. 24) und Zubehör.
Aufgabe: Antriebsfunktion.

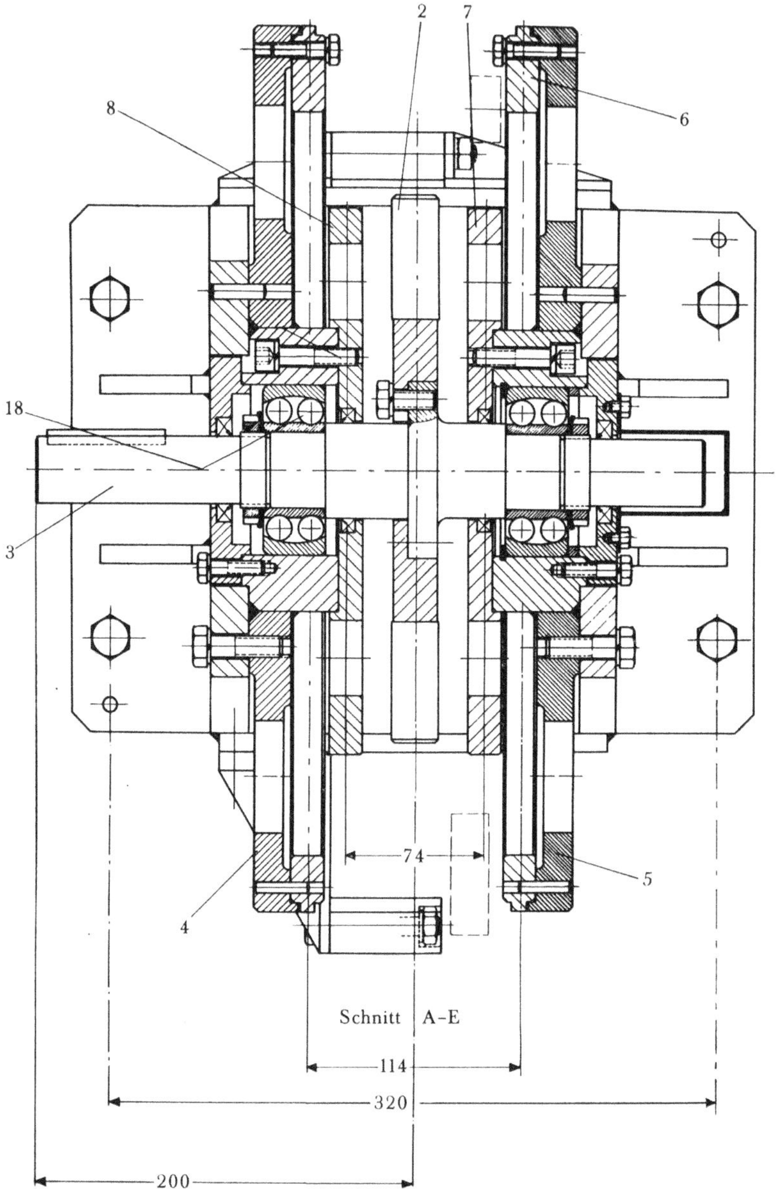

Abb. 24 Schnitt durch den Kettenstern mit Ausgleichsgetriebe (ohne Zahnträger)

Baugruppe K II	Gabel (1, Abb. 25), Gehäusescheiben (4, 5, Abb. 24), Außenkurvenscheiben für die vorderen Rollen C_1 (6, Abb. 24), Innenkurvenscheiben für die hinteren Rollen C_2 (7, 8, Abb. 24) und Zubehör. Aufgabe: Halterung und Führung der übrigen Baugruppen.
Baugruppe K III	Zahnträger (Abb. 26 und 27) und H-förmige Gleitgabel (56, Abb. 26). Aufgabe: Ausgleich von Bewegungen der Kette sowie Übertragung von Kräften auf die Kette.

Das auf der Welle befestigte Antriebsrad weist entsprechend der Zähnezahl am Umfang zehn Aussparungen auf, in denen sich die H-förmigen Gleitgabeln der Zahnträger unter Last auf- und abbewegen. Der Schmierstoff gelangt vom Schmiernippel durch einen Kanal auf die mittlere Gleitfläche, so daß eine ausreichende Schmierung gewährleistet ist. Die Materialpaarung besteht aus Aluminium-Bronze-Guß für die Gleitgabeln und nitriertem Werkstoff 34 CrAlNi 7 für das Antriebsrad.

Die Baugruppe K II wird durch einen feststehenden Block gebildet, der die übrigen Baugruppen trägt und selbst am Traggerüst des Prüfstandes befestigt ist. Hierzu gehören neben der Gabel und den geschweißten Gehäusescheiben die Kurvenscheiben. Die Außenkurvenscheiben stellen zwei links und rechts der Kette befindliche Ringe dar, auf denen die vorderen Rollen des Zahnträgers innen ablaufen. Die zwei Innenkurvenscheiben, die ebenfalls symmetrisch zur Kette liegen, sind für die hinteren Rollen des Zahnträgers bestimmt, welche auf der Kurvenbahn außen ablaufen. Infolge dieser Anordnung wird das Moment, das durch die Kettenzugkraft entsteht, von den Kurvenscheiben aufgenommen und vergrößert den Anpreßdruck der Rollen. Letzteres ist insbesondere bei hohen Geschwindigkeiten von Nutzen.

Die Anfertigung der paarweise gleichen Kurvenbahnen ist auf einer Fräsmaschine im Kopierverfahren erfolgt. Die erforderlichen Schablonen sind auf einem Koordinatenbohrwerk nach Zeichnung angekörnert und danach von Hand auf Maß bearbeitet worden. Die Kurvenbahnen bestehen aus St 60, die auf ihnen abrollenden handelsüblichen Nockenrollen aus einem Material höherer Festigkeit.

Der Zahnträger der Baugruppe K III stellt das Verbindungsglied zwischen dem Antriebsrad und der Kette dar. Die in einer Aussparung des Antriebsrades laufende Gleitgabel gestattet dem Zahnträger während der Kraftübertragung radiale Bewegungen. Durch die gelenkige Ausbildung der Verbindung zwischen Gleitgabel und Zahnträger im Punkt B kann dieser auch die Wippbewegung ausführen. Zwei Federn drücken die Laufrollen auf die Kurvenbahnen und verhindern ein Abheben bei höheren Geschwindigkeiten. Wegen ihrer hohen Belastung sind beide Achsen besonders an den Absätzen sorgfältig ausgebildet. Die Hinterachse ist gekröpft, damit die über die Innenkurvenscheiben hinausragende Vorderachse diese nicht berührt.

Die Antriebskraft wird über die in den Gehäusescheiben gelagerte Welle in das auf ihr befestigte Antriebsrad, von hier aus über die Gleitgabeln in die Zahnträger und die Kette übertragen.

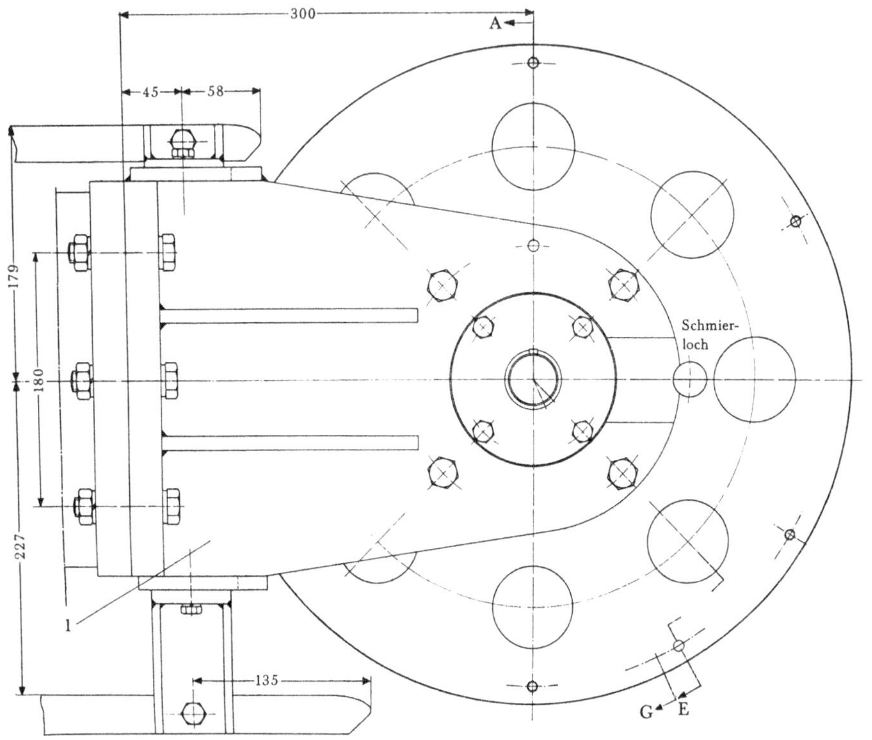

Abb. 25 Seitenansicht des Kettensternes mit Ausgleichsgetriebe

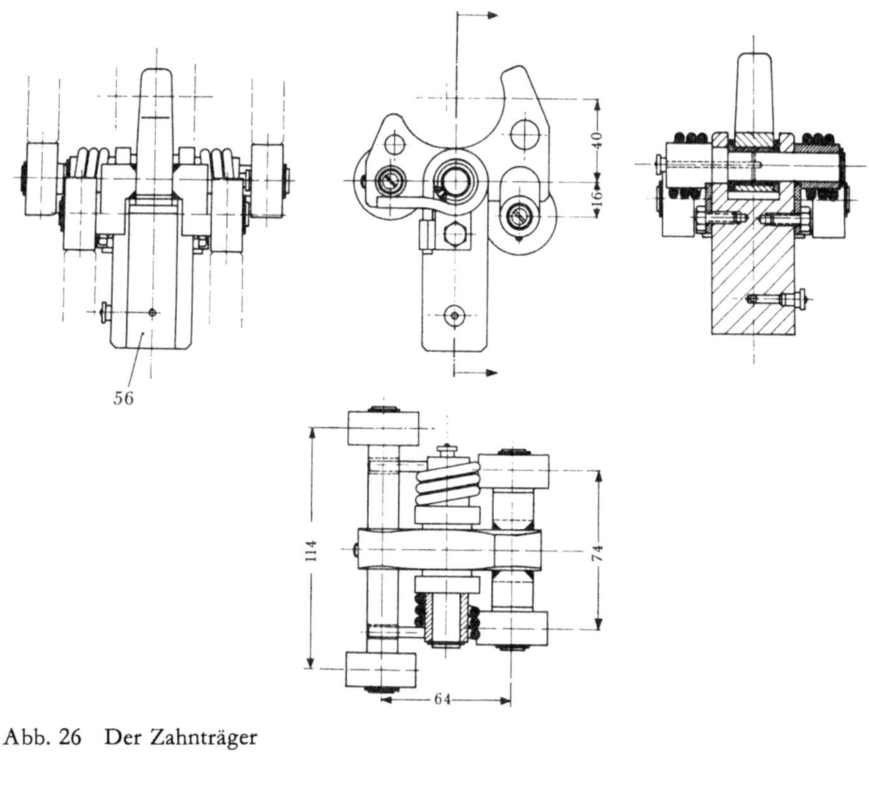

Abb. 26 Der Zahnträger

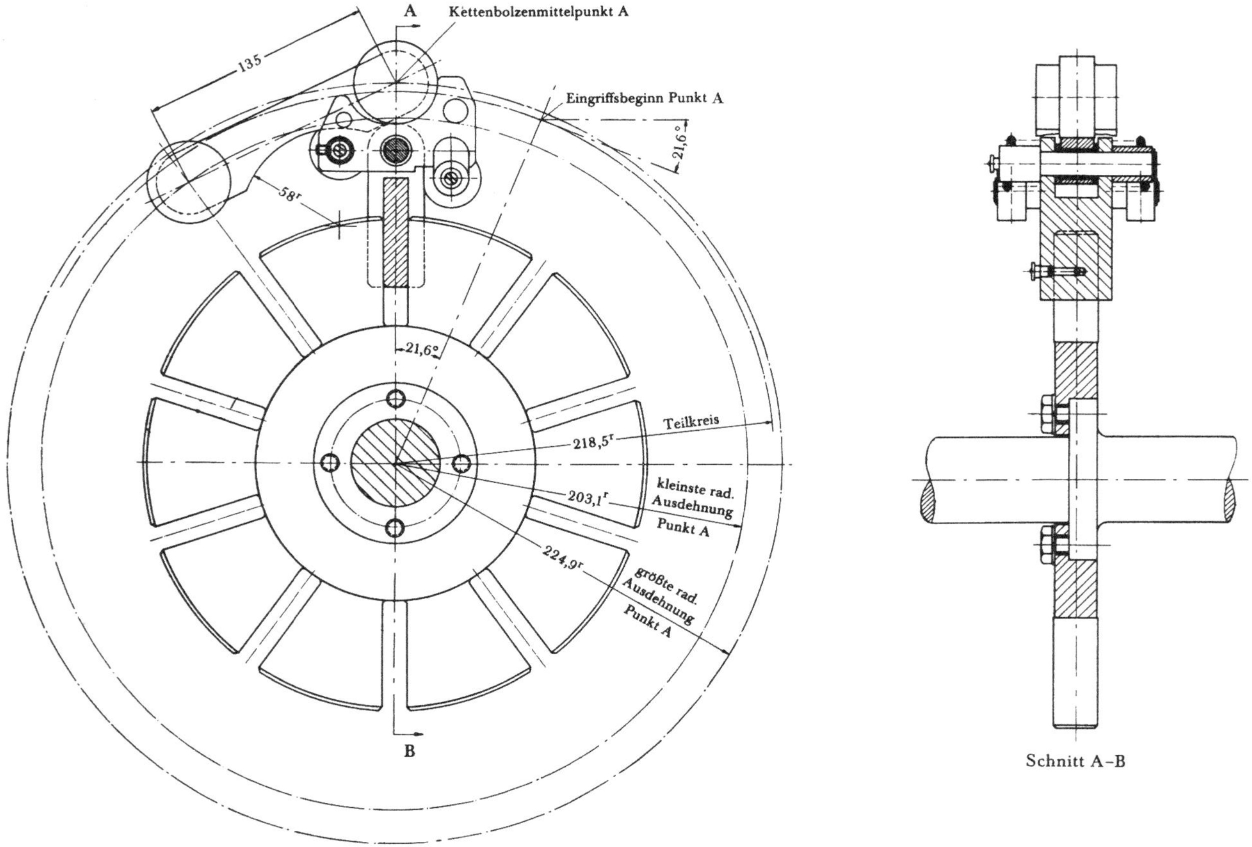

Abb. 27 Das Zusammenwirken von Zahnträger, Gleitgabel und Antriebsrad (der Zahnträger ist in der radial am weitesten nach außen liegenden Stellung gezeichnet, die nicht in der angezeigten Lage bei $\varphi = 0°$, sondern auf der Übergangskurve erreicht wird)

4. Spezieller Theoretischer Teil
Die Mechanik des Kettensternes mit Ausgleichsgetriebe

4.1 Allgemeines

Es ist nun von Interesse, den in der Konzeption erdachten und in der Konstruktion verwirklichten Weg zum Ausgleich der Kettenbewegung in einer allgemeineren Form der »Mechanik des Kettensternes mit Ausgleichsgetriebe« zu fassen und vor allem zu klären, inwieweit die bisherigen Ergebnisse übertragbar sind. Hier sind zwei Fragestellungen von Bedeutung:

1) Welchen Grenzen unterliegt der kinematisch-geometrische Ansatz, d. h. in welchem Bereich sind Variationen von Zähnezahl, Teilkreisdurchmesser und Lage der Einlaufsehne noch vertretbar?
2) Durch welche Kräfte werden die einzelnen Bauteile belastet?

Während für Punkt 1) die Anwendungsmöglichkeiten untersucht werden, zielt die zweite Frage auf die Dimensionierung des Getriebes.

Für den Kettentrieb wird ein raumfestes Koordinatensystem eingeführt (Abb. 28), in dem der Kettentrieb immer die angezeigte Lage einnehmen soll. Die Fallbeschleunigung $-g \cdot j$ wird im allgemeinen nicht berücksichtigt.

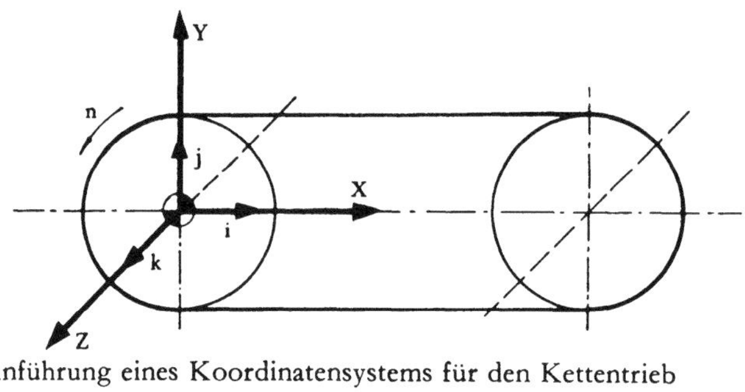

Abb. 28 Einführung eines Koordinatensystems für den Kettentrieb

4.2 Die Kinematik des neuartigen Kettentriebes

4.2.1 Der Weg der Kette

4.2.1.1 Untersuchung der Bahnkurve des Kettenbolzenmittelpunktes A bei Variation der Ausgangsgrößen

Für die Untersuchung der Bahnkurve des Kettenbolzenmittelpunktes A sind grundsätzlich folgende Ausgangsgrößen von Bedeutung:

Zähnezahl z,
Teilkreisdurchmesser d_0,
Kettenteilung T,
Einlaufsehnenlänge L,

wobei die Einlaufsehnenlänge und zwei der drei übrigen Kriterien unabhängige Variable sind. Die Geometrie eines Kettensternes mit n-Zähnen ist mit einem n-eckigen, regelmäßigen Polygon zu vergleichen. Die Seitenlänge des Vielecks entspricht der Kettenteilung, der Durchmesser des umbeschriebenen Kreises dem Teilkreisdurchmesser. Bei konstanter Zähnezahl ergibt die Veränderung des Teilkreisdurchmessers eine Streckung bzw. Stauchung parallel zur x- und y-Achse mit gleichem Parameter. Winkel- und Streckenverhältnisse bleiben hierbei konstant, und die aus dem Bestimmungsdreieck des Vielecks folgende Gleichung $T/d_0 = \sin \pi/z$ wird immer wieder erfüllt. Der für die Abweichung vom herkömmlichen Kettenstern verantwortliche Parameter ist die Lage der Einlaufsehne, die die gesamte Bahnkurve des Punktes A bei der Umlenkung bestimmt. Es lassen sich zwei äußerste Lagen erkennen (Abb. 29):

Der statische Tangenteneinlauf mit $h = d_0$ (h = Abstand zwischen der Einlauf- und Auslaufgeraden) als obere theoretisch mögliche Grenze und

der statische Ein- und Auslauf mit $h = T$ als untere theoretisch mögliche Grenze.

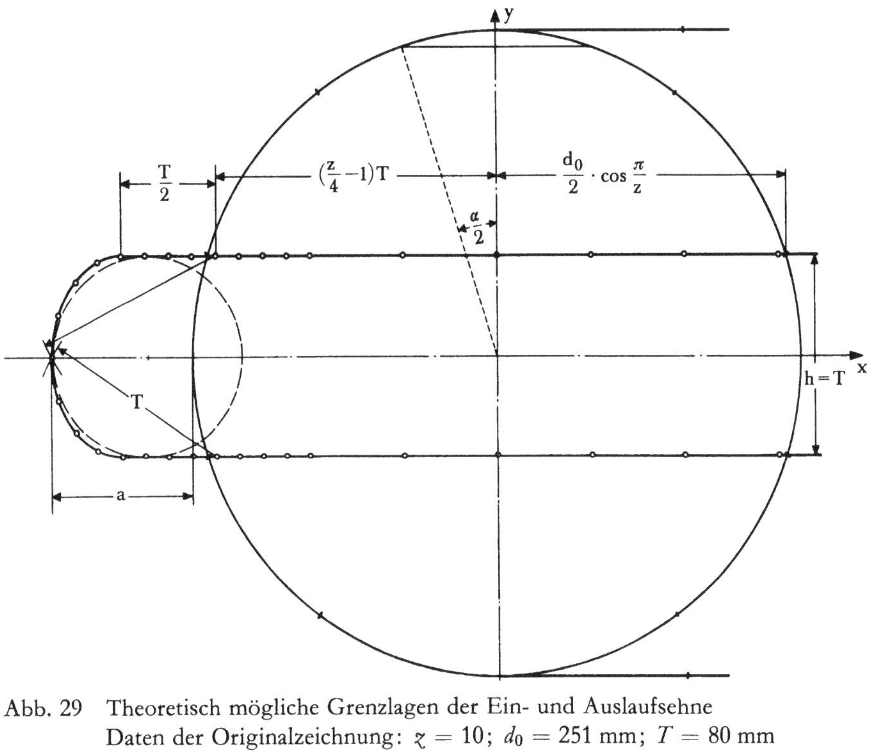

Abb. 29 Theoretisch mögliche Grenzlagen der Ein- und Auslaufsehne
Daten der Originalzeichnung: $z = 10$; $d_0 = 251$ mm; $T = 80$ mm

Der statische Tangenteneinlauf wird theoretisch bei unendlicher Zähnezahl und gegen Null strebender Kettenteilung erreicht. Im Falle der oberen theoretischen Grenzlage besteht bereits ein stetiger Übergang zwischen Gerade und Kreis. Beim unteren theoretischen Grenzfall ist dieser nur unter der Voraussetzung zu konstruieren, daß ein Teilpunkt A auf die x-Achse zu liegen kommt. Da auf jedem Kreisviertel $z/4$ Zähne bzw. Teilungen nachgewiesen werden müssen, erhält man den Punkt, indem man im Abstand $\left(\frac{z}{4} - 1\right)T$ von der y-Achse auf der Ein- und Auslaufgeraden Kreise mit dem Radius der Kettenteilung schlägt. Die weitere Konstruktion erfolgt nach der in Kap. 3.1.3.2 beschriebenen Methode, wobei man wegen des ausschließlichen Interesses für die Bahnkurve A auf die Winkelteilung verzichten kann. Dabei wird die Einlaufgerade um so viel über den Punkt im Abstand $\left(\frac{z}{4} - 1\right)T$ von der y-Achse hinaus verlängert, bis die Teilung parallel zur y-Richtung steht. Die Übergangskurve ist in allen Punkten eindeutig bestimmt und weicht nur geringfügig vom Kreis mit dem Radius $T/2$ ab. Die Länge der Einlaufsehne beträgt

$$L = \frac{d_0}{2} \cos \frac{\pi}{z} + \left(\frac{z}{4} - 1\right) T + \frac{T}{2}.$$

Um technisch sinnvolle Grenzlagen für die Einlaufsehne zu erhalten, sind eine Reihe praktischer Konstruktionsbeispiele durchgeführt worden. Als obere Grenze

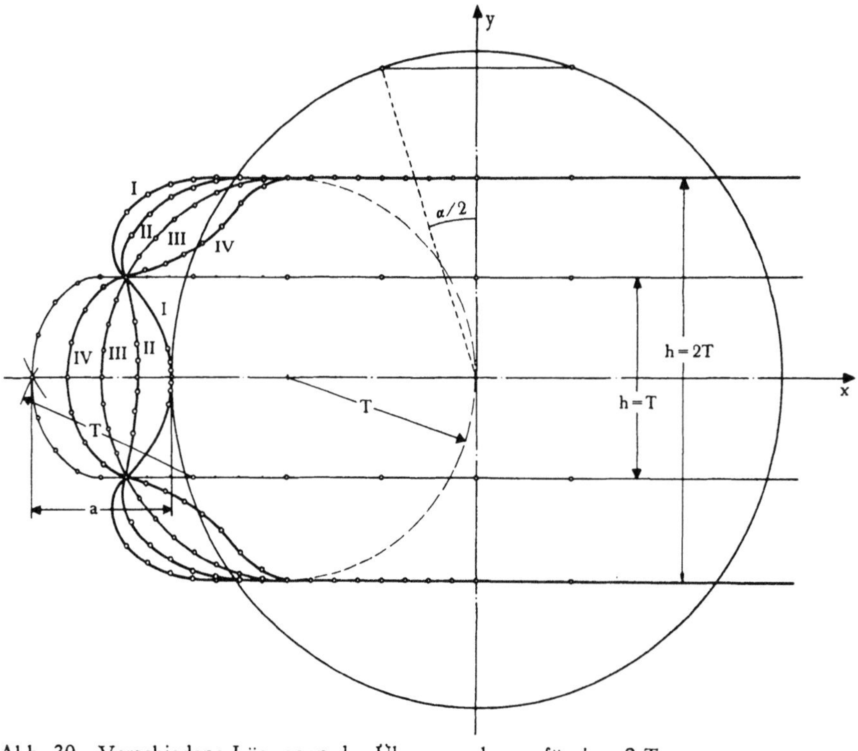

Abb. 30 Verschiedene Lösungen der Übergangskurve für $h = 2\,T$ und die Übergangskurve für $h = T$
Daten der Originalzeichnung: $z = 10$; $d_0 = 233$ mm; $T = 72$ mm

ist der Fall Einlaufsehne = Kettenteilung anzusprechen. Je näher jedoch die Einlaufsehne dem Kettensternmittelpunkt rückt, desto mehr frei gewählte Punkte werden zur Konstruktion ihrer Übergangskurve benötigt.
Die Abb. 30 zeigt beispielsweise vier verschiedene Übergangskurven für $h = 2\,T$, die allein durch Symmetrie zur x-Achse und durch Vorgabe der Schnittpunkte mit der x-Achse konstruiert wurden. Das aus dem ebenfalls eingezeichneten Fall $h = T$ gewonnene Maß a dient als willkürliche Bezugsgröße für die Lage der vorgegebenen Punkte auf der x-Achse, die den Abstand $a/4$ aufweisen. Die Kurven I, II und IV zeigen keinen einheitlichen Krümmungssinn. Die Kurve III erfüllt diese Forderung als Kreis mit dem Radius T gut. Der Anschluß der Übergangskurven an die Einlaufsehne ist nicht eindeutig.
Für Einlaufsehne und Übergangskurve der unteren Grenze konnten folgende Bedingungen ermittelt werden:

1. Einhaltung der Symmetrie zur x-Achse.
2. Mitbenutzung des Teilkreises in mehr als einem Punkt.
3. Stetiger und gleichmäßiger Übergang zwischen der Übergangskurve und dem Kreis oder der Geraden.
4. Stetigkeit und einheitlicher Krümmungssinn der gesamten Bahnkurve A.
5. Beginn der Übergangskurve bei $|x| = L/2$ (Benutzung der ganzen Länge der Einlaufsehne als Bahnkurve).
6. Die Tangente an den Teilkreis $|x| = d_0/2$ darf von der Übergangskurve nicht geschnitten werden.

Es zeigt sich, daß das Verhältnis zwischen Einlaufsehnenlänge und Kettenteilung für die untere Grenzlage eine charakteristische Größe mit ziemlich deutlicher linearer Abhängigkeit von der Zähnezahl ist (Abb. 31):

z	8	10	12	16	20
$\frac{L_{\text{grenz}\,u}}{T}$	1,375	1,900	2,395	3,405	4,450

$$\frac{L_{\text{grenz}\,u}}{T} = 0{,}255\,z - 0{,}65$$

Diese Grenze entspricht zwar nicht genau den gestellten Forderungen, liegt aber so dicht an der wirklichen Grenze, daß sie mit genügender Genauigkeit als solche betrachtet werden kann.
In Abb. 31 ist $L/T = f(z)$ aufgetragen. Der gültige Lagebereich für die Einlaufsehnen ist schraffiert. Für die nur rein theoretisch interessierenden Werte $L/T < 1$ stellt die ermittelte Gerade keine Grenze mehr dar. Ebensowenig gilt sie für $z = 6$, da hier die Tangente $|x| = d_0/2$ geschnitten wird. Für $z = 20$ schließlich ist die Gültigkeit der Gleichung nicht nachgeprüft worden. Der Geltungsbereich muß daher mit $6 < z < 20$ angegeben werden.

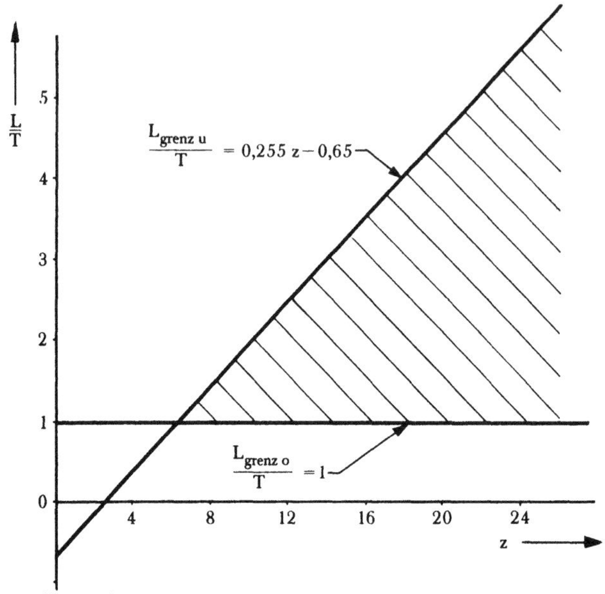

Abb. 31 Darstellung des Verhältnisses Einlaufsehnenlänge/Kettenteilung in Abhängigkeit von der Zähnezahl

Auf Grund einfacher geometrischer Beziehungen am Kettenstern kann die gefundene Beziehung auch allgemeiner

$$\sin\frac{\gamma}{2} = (a z + b)\sin\frac{\pi}{z}$$

$$\text{mit} \quad \sin\frac{\gamma}{2} = \frac{L}{2\,d_0} \quad \text{und} \quad \frac{T}{2\,d_0} = \sin\frac{\alpha}{2} = \sin\frac{\pi}{z}$$

geschrieben werden, wobei die Größen a und b beispielsweise im vorliegenden Fall 0,255 und 0,65 betragen.

4.2.1.2 Analytische Ermittlung der Bahnkurve des Kettenbolzenmittelpunktes A

Die Bahnkurve des Punktes A setzt sich aus folgenden Teilen zusammen:

1. Einlaufgerade (oder Auslaufgerade),
2. Übergangskurve des Einlaufes (oder des Auslaufes),
3. Kreisbogen.

Nach Abb. 32 folgt für die Bahnkurve der Einlaufgeraden:

$$\Re_{A\,n} = \Re_{A\,(\varphi_B=0)} - n\,\frac{T}{x}\,i \qquad \text{für} \quad n\,\frac{T}{x} < L$$

$$\Re_{A\,(\varphi_B=0)} = R\,j\cos\frac{\gamma}{2}$$

$$\varphi_B = n\,\frac{\alpha}{x} = \omega t; \quad x = \frac{n\,\alpha}{\omega t} \qquad \text{für} \quad \frac{n\,\alpha}{x} \leqq \gamma$$

$$\Re_{A\,n} = R\,j\cos\frac{\gamma}{2} - \frac{T}{\alpha}\,\omega t\,i \qquad \text{für} \quad -\frac{\gamma}{2} < \varphi_B < +\frac{\gamma}{2}.$$

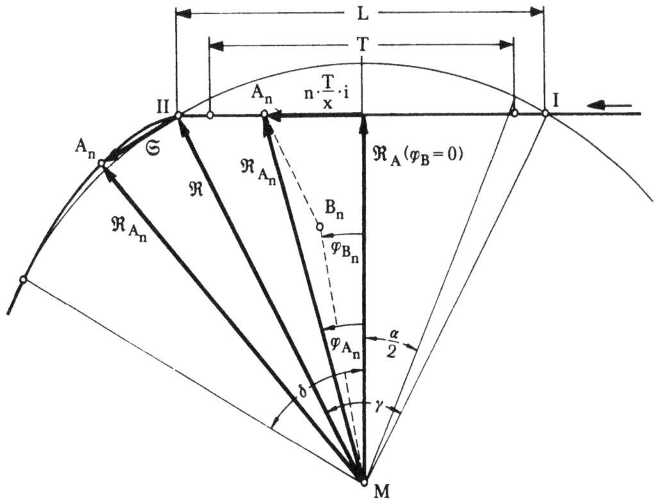

Abb. 32 Einlaufverhältnisse an der Bahnkurve A

Statt T/α kann auch L/γ eingesetzt werden. Alle Größen außer t sind konstant, so daß $\mathfrak{R}_{A\,n}$ nur von der Zeit abhängt. Auf der Übergangskurve wird:

$$\mathfrak{R}_{A\,n} = \mathfrak{R} + \mathfrak{S}_{A\,n} \quad \text{mit} \quad \frac{\gamma}{2} < \varphi_B < \delta.$$

Für $\mathfrak{S}$ kann keine allgemein brauchbare Gleichung angegeben werden. Für den Kreisbogen ist schließlich $\mathfrak{R}_{A\,n} = \text{const.}$

4.2.2 *Der Weg des Zahnträgers*

Der charakteristische Punkt des Zahnträgers ist sein Kippmittelpunkt B. Man erhält die Punkte der Kurve B als Schnittpunkte der Kreise mit $\overline{AB}$ um A und des zugehörigen Radiusvektors. Die Kurve B besteht ebenfalls aus den Abschnitten

Einlauf, Übergangskurve, Kreisbogen,

wobei die Grenzen mit denen der Kurve A zusammenfallen. Analog der Bahnkurvenberechnung A ist auch hier eine brauchbare Formulierung der Übergangskurve nicht möglich (Berechnung von Kreisbogen und Übergangskurve analog zur Kurve A, Kap. 4.2.1.2).

Nach Abb. 33 gilt für die Bahnkurve B im Bereich des Einlaufes (nur Beträge):

$$h = R_{B\,n} \cos \varphi_{B\,n} + \sqrt{\overline{AB}^2 - \left(\frac{nT}{x} - R_{B\,n} \sin \varphi_{B\,n}\right)^2}$$

Nach $R_{B\,n}$ aufgelöst ergibt sich:

$$R_{B\,n1,2} = R \cos \frac{\gamma}{2} \cos \varphi_{B\,n} + \frac{nT}{x} \sin \varphi_{B\,n}$$

$$\pm \sqrt{\overline{AB}^2 - \left(\frac{nT}{x}\right)^2 + \left(R \cos \frac{\gamma}{2} \cos \varphi_{B\,n} + \frac{nT}{x} \sin \varphi_{B\,n}\right)^2}$$

mit $h = R \cos \dfrac{\gamma}{2}$.

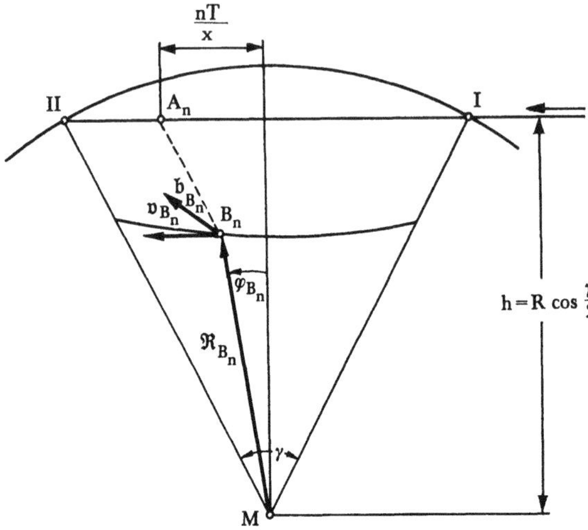

Abb. 33 Einlaufverhältnisse an der Bahnkurve B

Die Auflösung liefert zwei reelle Lösungen, von denen diejenige mit positiver Wurzel in den meisten Fällen nicht verwertbar ist, da $R_B > h$ sein wird.

4.2.3 Geschwindigkeit und Beschleunigung des Zahnträgers

4.2.3.1 Rechnerische Ermittlung für den Kippmittelpunkt B

Stellt man den Ortsvektor in der Form

$$\mathfrak{R}_{Bn} = R_{Bn} \cdot e^{i\varphi_{Bn}}$$

dar, so erhält man für seine zeitliche Änderung in allen Bereichen

$$\mathfrak{v}_{Bn} = \dot{\mathfrak{R}}_{Bn} = \dot{R}_{Bn} \cdot e^{i\varphi_{Bn}} + R_{Bn} \cdot \dot{\varphi}_{Bn} \cdot i \cdot e^{i\varphi_{Bn}}.$$

Die Beschleunigung von B wird

$$\mathfrak{b}_{Bn} = \ddot{\mathfrak{R}}_{Bn} = \ddot{R}_{Bn} \cdot e^{i\varphi_{Bn}} + 2\,\dot{R}_{Bn} \cdot \dot{\varphi}_{Bn} \cdot i \cdot e^{i\varphi_{Bn}}$$

$$+ R_{Bn} \cdot \ddot{\varphi}_{Bn} \cdot i \cdot e^{i\varphi_{Bn}} - R_{Bn} \cdot \dot{\varphi}_{Bn}{}^2 \cdot e^{i\varphi_{Bn}}$$

$$\mathfrak{b}_{Bn} = (\ddot{R}_{Bn} - R_{Bn} \cdot \dot{\varphi}_{Bn}{}^2)\, e^{i\varphi_{Bn}} + (2\,\dot{R}_{Bn}\,\dot{\varphi}_{Bn} + R_{Bn}\,\ddot{\varphi}_{Bn})\, i \cdot e^{i\varphi_{Bn}}.$$

Hierin ist $\dot{\varphi}_{Bn}$ die Winkelgeschwindigkeit ω des Kettensternes und $2\,\dot{R}_{Bn} \cdot \dot{\varphi}_{Bn}$ die Coriolisbeschleunigung. Mit $\omega = \text{const.}$ wird $\ddot{\varphi}_{Bn} = 0$ und

$$\mathfrak{b}_{Bn} = (\ddot{R}_{Bn} - R_{Bn} - \dot{\varphi}_{Bn}{}^2) e^{i\varphi_{Bn}} + 2\,\dot{R}_{Bn}\,\dot{\varphi}_{Bn} \cdot i \cdot e^{i\varphi_{Bn}}.$$

4.2.3.2 Graphische Ermittlung

Punkt B führt folgende Bewegungen aus:

1. Radiale Lagenveränderung gegenüber dem Kettensternmittelpunkt (Relativbewegung) und
2. Drehung um den Mittelpunkt des Kettensternes (Führungsbewegung).

Bezeichnen wir die Ebene des Kettensternmittelpunktes mit 0, des Radiusvektors mit 1 und des durch die Kurve geführten Gleitsteines um B mit 2 (s. Abb. 34 und [15, 16, 20]), erhalten wir:

$$\begin{array}{ccccc} \mathfrak{v}_{a_{20}} & = & \mathfrak{v}_{f_{10}} & + & \mathfrak{v}_{r_{21}} \ldots (1) \\ \downarrow & & \downarrow & & \downarrow \\ \perp & & \omega_{10} \cdot \overline{BM} & & \parallel \overline{BM} \\ \overline{BQ} & & \downarrow & & \\ & & \perp & & \\ & & \overline{BM} & & \end{array}$$

Indizes:
f = Führung
a = absolut
r = relativ
c = Coriolis

$$b_{a_{20}} = b_{f_{20}} + b_{r_{21}} + b_{c_{20}}$$
$$b_{a_{20}} = b_{n\,f_{10}} + b_{t\,f_{10}} + b_{n\,r_{21}} + b_{t\,r_{21}} + b_{c_{20}}$$
$$b_{t\,f_{10}} = 0 \quad \text{wegen} \quad \omega = \text{const.}$$
$$b_{n\,r_{21}} = 0, \quad \text{da Relativbewegung reine Translation}$$

$$\begin{array}{ccccccc} b_{a_{20}} & = & b_{n\,f_{10}} & + & b_{t\,r_{21}} & + & b_{c_{20}} \quad \ldots \quad (2) \\ & & \downarrow & & \downarrow & & \downarrow \\ & & \dfrac{\mathfrak{v}_{f_{10}}^{2}}{\overline{BM}} & & \parallel \overline{BM} & & \dfrac{\mathfrak{v}_{f_{10}}}{\overline{BM}} \times 2\,\mathfrak{v}_{r_{21}} \end{array}$$

$$\begin{array}{ccccc} b_{a_{20}} & = & b_{n\,a_{20}} & + & b_{t\,a_{20}} \quad \ldots \quad (3) \\ & & \downarrow & & \downarrow \\ & & \dfrac{\mathfrak{v}_{a_{20}}}{\overline{BQ}} & & \perp \\ & & & & \overline{BQ} \\ & & \parallel \overline{BQ} & & \end{array}$$

Aus Gl. (1) können wir die Geschwindigkeit, aus Gl. (2) und (3) die Beschleunigung von B konstruieren. Abb. 34 zeigt die Konstruktion der Beschleunigung für einen beliebigen Punkt B. Der Krümmungsmittelpunkt Q ist mit Hilfe eines Spiegellineals gefunden.

Alle Punkte des Zahnträgers außer dem Kippmittelpunkt B führen zusätzlich eine Rotationsbewegung um B aus, die mit dem Kippen der Strecke $\overline{AB}$ identisch ist (s. Kap. 3.1). Die hin- und hergehende Drehbewegung überstreicht einen Winkel von $\pm$ 3,5°.

Nehmen wir den Punkt B als ortsfest an (quasistatisch), so liefert die empirische Ablesung der Stellungen von $\overline{AB}$ die Funktion $\varphi_{AB} = f(\omega t)$, aus der man durch graphische Differentiation $\dot{\varphi}_{AB}$ und $\ddot{\varphi}_{AB}$ erhält. Dieses Verfahren ist jedoch sehr ungenau. Da es sich für jeden Zahnträgerpunkt um eine reine Kreisbewegung handelt, lassen sich aus

$$b_t = r\ddot{\varphi}_{AB} \quad \text{und} \quad b_n = r\dot{\varphi}_{AB}^2$$

für einen beliebigen Punkt die gesuchten Beschleunigungen berechnen.

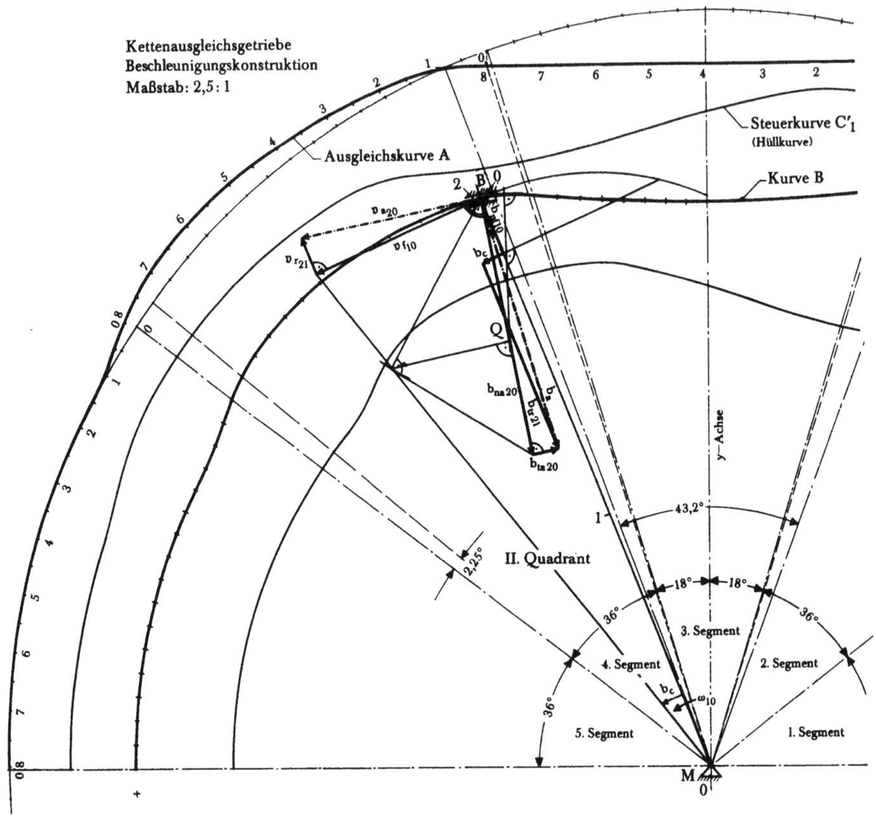

Abb. 34 Konstruktion der Beschleunigung für einen beliebigen Punkt B

Insgesamt gesehen setzt sich die Beschleunigung eines Zahnträgerpunktes damit aus

1. der Beschleunigung des Punktes *B* (Beschleunigung infolge Rotation um den Kettensternmittelpunkt),
2. seiner eigenen Beschleunigung infolge Rotation um *B* und
3. seiner Coriolisbeschleunigung zusammen.

An Stelle des Punktes *A* weist der Zahnträger eine Lücke auf, die den Kettenbolzen mit dem Mittelpunkt *A* aufnimmt. Man kann wegen der starren Verbindung zwischen Kette und Kettenstern den Punkt *A* als einen Punkt des Zahnträgers auffassen und seine Beschleunigung ebenfalls über diejenige des Punktes *B* ermitteln.

4.2.4 *Geschwindigkeit und Beschleunigung des Kettenbolzenmittelpunktes A*

Die Bewegungswerte des Punktes A können auch rechnerisch ermittelt werden. Für die Geschwindigkeit von A im Bereich des Einlaufes ergibt sich (Abb. 32 und Kap. 4.2.1.2):

$$\mathfrak{v}_{A\,n} = \frac{d}{dt}(\mathfrak{R}_{A\,n}) = \frac{d}{dt}\left(R\cos\frac{\gamma}{2}\,j - \frac{T}{\alpha}\,\omega\,t\,i\right),$$

$$\mathfrak{v}_{A\,n} = i\,\frac{T}{\alpha}\,\omega\,,\quad \text{da } \gamma = \text{const.} \quad \text{und} \quad R = \text{const.}$$

Statt T/α ist auch L/γ möglich (Ähnlichkeit). Durch Einsetzen von $\alpha = 2\,\pi/z$ und $\omega = \pi n/30$ erhält man hieraus den Ausdruck für die mittlere Geschwindigkeit der Kette über dem Kettentrieb (s. Kap. 2.2.2). Der Geschwindigkeitsvektor zeigt in Richtung des geradlinigen Trums, sein Betrag ändert sich beim Auflauf auf den Kettenstern nicht.

Für die Geschwindigkeit im Bereich der Übergangskurve erhalten wir:

$$\mathfrak{v}_{A\,n} = \frac{d}{dt}(\mathfrak{R}_{A\,n}) = \frac{d}{dt}(\mathfrak{R}_{A\,(\varphi_A=\gamma/2)} + \mathfrak{S}_A) = \dot{\mathfrak{S}}_{A\,n}\,,$$

$$\text{da} \quad \mathfrak{R}_{A\,(\varphi_A=\gamma/2)} = R = \text{const.}$$

Die Weggesetze $\mathfrak{R}_{A\,n}(\alpha)$ und $\mathfrak{S}_{A\,n}(\alpha)$ können mit den bei Kurventrieben üblichen Methoden hergeleitet werden. Ihre Ableitungen liefern Geschwindigkeit und Beschleunigung [s. 13].

Für die Geschwindigkeit in den übrigen Bereichen und die Beschleunigung in allen Bereichen wird auch auf Kap. 4.3.2.1 verwiesen, da sich die Größen von A und B entsprechen. Auf dem Kreisbogen gilt

$$\mathfrak{v}_{A\,n} = R\cdot\dot{\varphi}_{A\,n}\cdot e^{i\varphi_{A\,n}}$$

$$\mathfrak{b}_{A\,n} = -R\,\dot{\varphi}_{A\,n}^2\cdot e^{i\varphi_{A\,n}} \qquad \text{mit} \qquad \dot{\varphi}_{A\,n} = \omega\,.$$

In den Bereichen des Einlaufes und der Übergangskurve ist $\dot{\varphi}_{A\,n}$ wegen des Kippens der Strecke AB nicht konstant. Für den Einlauf gilt

$$\mathfrak{v}_{A\,n} = \text{const.}\,; \quad b_{A\,n} = 0\,.$$

Wie beim herkömmlichen Kettenstern kann auch hier eine Aufteilung von Geschwindigkeit und Beschleunigung in x- und y-Anteil vorgenommen werden. Es ergeben sich die in Abb. 35 dargestellten geschätzten Schaubilder.

Für die beiden Extremdrehzahlen des vorliegenden Prüfstandes, 20 und 400 U/min (entsprechend 0,46 bzw. 9,15 m/s), erhalten wir folgende ungefähren Zahlenwerte,

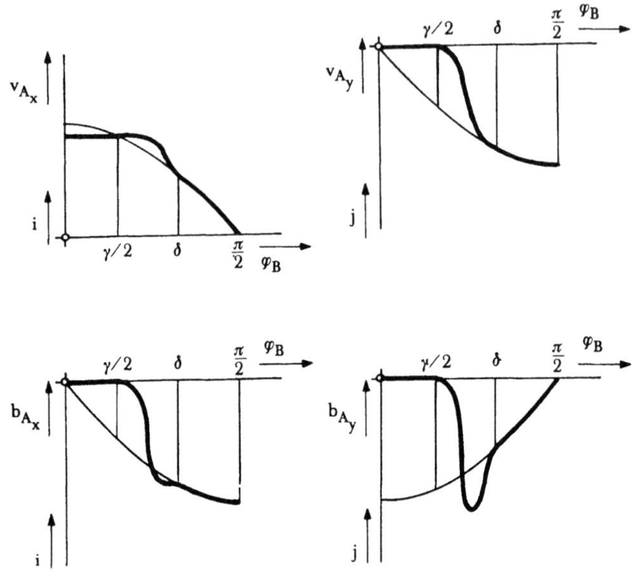

Abb. 35 Ungefährer Verlauf der Geschwindigkeits- und Beschleunigungskomponenten des Punktes A von $\varphi_B = 0°$ bis $90°$

die einen Eindruck von den Größenordnungen der auftretenden Schwankungen vermitteln:

Antrieb n [U/min]	Antrieb ω [1/s]	Bereich	v_A [cm/s]	b_A [cm/s²]
20	2,1	$0 \leqq \varphi_B \leqq \frac{\gamma}{2}$	45,15	0
		$\frac{\gamma}{2} \leqq \varphi_B \leqq \delta$	im Mittel 46,30	zwischen 0 und 96,14 mit Stellen größer 96,14
		$\delta \leqq \varphi_B \leqq \frac{\pi}{2}$	45,89	96,14
400	41,9	$0 \leqq \varphi_B \leqq \frac{\gamma}{2}$	900	0
		$\frac{\gamma}{2} \leqq \varphi_B \leqq \delta$	im Mittel 925	zwischen 0 und 38 300 mit Stellen größer 38 300
		$\delta \leqq \varphi_B \leqq \frac{\pi}{2}$	915	38 300

4.2.5 Der Polygoneffekt

Der Polygoneffekt, durch den die Wirkungen des Übergangs von Translation zu Rotation und umgekehrt bei Ketten mit endlichen Gliedlängen beschrieben werden, ist für die Kette nicht mehr vorhanden, da der erst nach Eingriffsbeginn erfolgende Übergang sich dem freien Trum nicht mehr mitteilen kann.
Für den Kettenstern existiert er als auf die Polygonalität zurückgehender Effekt auch nicht mehr. An seine Stelle tritt ein erweiterter Umlenkeffekt (s. Kap. 4.2.6).

4.2.6 Der Umlenkeffekt

Der Begriff des Umlenkeffektes beim normalen Kettenstern muß nun unter Beachtung der Verhältnisse am neuen Kettenstern erweitert werden.
Befindet sich ein Massenpunkt oder ein Punkthaufen auf der Kreisbahn, so wirkt bei $\omega = \text{const.}$ als Massenkraft die Fliehkraft, die man daher als »normale Belastung« des herkömmlichen Kettensternes infolge Massenkraft bezeichnen kann. Beim neuartigen Kettenstern tritt an den Stellen, an denen die Umlenkbahn der Kettenglieder von der Kreisbahn abweicht, eine darüber hinausgehende Belastung auf, die ebenfalls unter den Umlenkeffekt fällt. Sie wird wirksam, wenn mindestens ein Bolzen eines Kettengliedes sich auf einer der beiden Übergangskurven befindet.
Der Umlenkeffekt in seiner bisherigen Form bezeichnete den Versuch der Kettenglieder, sich infolge überschüssiger Energie aus der Differenz zwischen Rotations- und Translationsenergie nach Verlassen des Kettensternes noch weiter zu drehen. Beim neuartigen Kettenstern hat dieser Effekt keinen Einfluß mehr auf das freie Kettentrum und verlagert sich auf den Kettenstern.
Eine weitere Mehrbelastung des Kettensternes erfolgt durch die umlaufenden Zahnträger, die beim herkömmlichen Kettenstern fehlen.
Die durch den erweiterten Umlenkeffekt entstehende Belastung wird über die Zahnträger von den Steuerkurven aufgenommen und auf das Traggerüst und die Verankerung weitergeleitet. Das Bestreben der Kettenglieder, sich nach Beendigung der Umlenkung weiter zu drehen, muß durch die geradlinige Zwangsführung am Auslauf ebenfalls über die Zahnträger von den Kurvenbahnen aufgefangen werden. Da die Steuerkurven feststehen, werden außer den Zahnträgern keine bewegten Teile belastet. Die Mehrbelastung durch den Zahnträgerumlauf ergibt sich überschlägig, indem man die Masse des Zahnträgers zu der des Kettengliedes hinzuaddiert und sie die Bewegungsänderungen des Kettengliedes mitvollziehen läßt. Jede der vom Kreis abweichenden Zonen muß genau untersucht werden, wenn man die durch sie verursachte Mehrbelastung ermitteln will. Auch die Raumlage darf dabei nicht außer acht gelassen werden.
Für den neuartigen Kettenstern kann der Umlenkeffekt wie folgt zusammengefaßt werden. Er umfaßt

1. die Mehrbelastung, die sich aus einer vom Kreis abweichenden Bahn der Kette ergibt,

2. die Auswirkungen des Bestrebens der Kettenglieder, sich nach Beendigung der Umlenkung weiter zu drehen, und
3. die Mehrbelastung infolge Zahnträgerumlauf.

Die entstehenden Kräfte werden von

1. den Zahnträgern,
2. den Kurvenscheiben und
3. dem Traggerüst aufgenommen.

Ein Umlenkeffekt für die Kette besteht nicht mehr.

Die Differenzenergie des Kettengliedes zwischen Rotations- und Translationsenergie

$$E_{\text{kin}} = \frac{\Theta_0}{2}\,\omega^2$$

mit Θ_0 = Massenträgheitsmoment des Kettengliedes in bezug auf seinen Schwerpunkt

muß umgesetzt werden, während das Kettenglied von der Rotation in die Translation übergeführt wird. Dieser Vorgang beginnt, wenn der erste Bolzen des Kettengliedes auf die Auslaufsehne gelangt und wird durch das Einschwenken des zweiten Bolzens auf die Auslaufsehne beendet. Die Differenzenergie erreicht bei $n = 400$ U/min mit Zahnträgermasse immerhin ca. 2,42 mkp je Kettenglied, wozu noch ca. 0,76 mkp Lagenenergiedifferenz hinzukommen.
Das Kettenglied dreht sich hierbei um seinen ersten Bolzenmittelpunkt A_1 und besitzt die Energie $\frac{1}{2}\,\Theta_{A1}\omega_{A2A1}{}^2$. Auf die Kurvenbahnen wird das Moment $M = \Theta_{A1} \cdot \dot{\omega}_{A2A1}$ ausgeübt. ω_{A2A1} kann auf Grund geometrischer Beziehungen am Kettenstern gefunden werden. Zweckmäßigerweise vernachlässigt man hierbei die Übergangskurve.

4.3 Die Kräfteverhältnisse des neuartigen Kettentriebes

4.3.1 Die Kräfte in der Kette

4.3.1.1 Die Zugkraft im Führungsglied des Arbeitstrums

Für die Zugkraft im Lasttrum gilt $P_N = 2\,M_d/d_0$. Ein Anteil infolge statischer Belastung existiert nicht, da die Kette in den freien Trums geführt ist. Für höhere Geschwindigkeiten kommt der Fliehzug

$$P_F = \frac{m_{\text{glied}} \cdot v^2}{T}$$

hinzu.

Im vorliegenden Fall bei $d_0 = 437$ mm, $M_d = 1000$ cmkp, $v = 10$ m/s und $q = 5{,}6$ kp/m erhalten wir

$$P_N = 46 \text{ kp} \quad \text{und} \quad P_{F\,\max} = 55 \text{ kp}.$$

4.3.1.2 Das Kräftegleichgewicht an einem in Eingriff befindlichen Bolzen

Befindet sich der Kettenbolzen auf dem Kreisbogen, so gelten die in Kap. 2.3.2 dargelegten Beziehungen. Auch auf der Übergangskurve erfolgt keine grundsätzliche Änderung.
In der Einlaufzone ergibt sich das in Abb. 36 gezeigte Bild. Nach dem Sinussatz folgt:

$$\frac{P_n}{P_{n-1}} = A_n = \frac{\sin \gamma_w}{\sin (\delta + \gamma_w)}$$

mit variablem Flankenwinkel und auf Ein- und Auslaufzone beschränktem *n*.

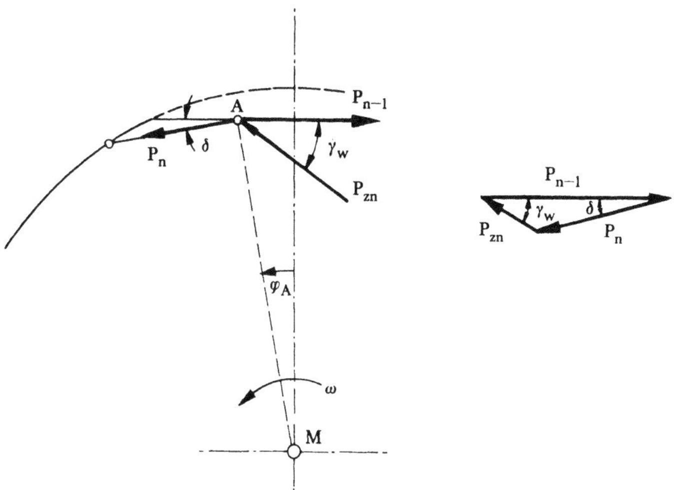

Abb. 36 Lageplan und Krafteck der in der Einlaufzone auf den Bolzen *n* wirkenden Kräfte

4.3.1.3 Beanspruchung der Kettenteile

Befindet sich das Kettenglied in geradliniger Bewegung, wird die Lasche durch die Zugkraft mit den Anteilen Nutz-, Stütz- und Fliehzug auf Zug beansprucht (s. Kap. 2.3.2). Auf dem Kreisbogen setzt sich die Beanspruchung des Kettengliedes aus Zug und Biegung zusammen. Die auf das Kettenglied ausgeübte Kraft P_k wird in ihren Komponenten

$$P_{K\eta} = - P_{n-1} \cdot \sin \alpha + m_{\text{glied}}\, \omega^2 \cdot R \cos \frac{\alpha}{2}$$

$$P_{K\xi} = P_{n-1} \cdot \cos \alpha + m_{\text{glied}}\, \omega^2 \cdot R \sin \frac{\alpha}{2}$$

unter der Voraussetzung, daß die Masse eines Kettengliedes in seinem Bolzenmittelpunkt vereinigt ist. Bei Ketten, deren Laschenmasse gegenüber der Bolzenmasse nicht mehr als klein angesehen werden kann, muß über der Laschenlänge außerdem eine gleichmäßig verteilte Last angesetzt werden. Alle Beanspruchungen sind Wechselbeanspruchungen.

Im Bereich der Übergangskurve sind die Winkel zwischen den Kräften veränderlich, in Ein- und Auslaufzone wird die Lasche wie im geradlinigen Trum belastet.
Der Bolzen wird grundsätzlich auf Scherung, Biegung und Gelenkflächenpressung beansprucht. Auf dem Kreisbogen liegt kein ebener Spannungszustand mehr vor. Abb. 38 zeigt die Kräfteverhältnisse am Bolzen in der ξ- und η-Ebene unter der Voraussetzung kleiner Laschen- und Zahnbreiten. Die größten Momente treten in Bolzenmitte auf, da dort die Querkraft Null ist.

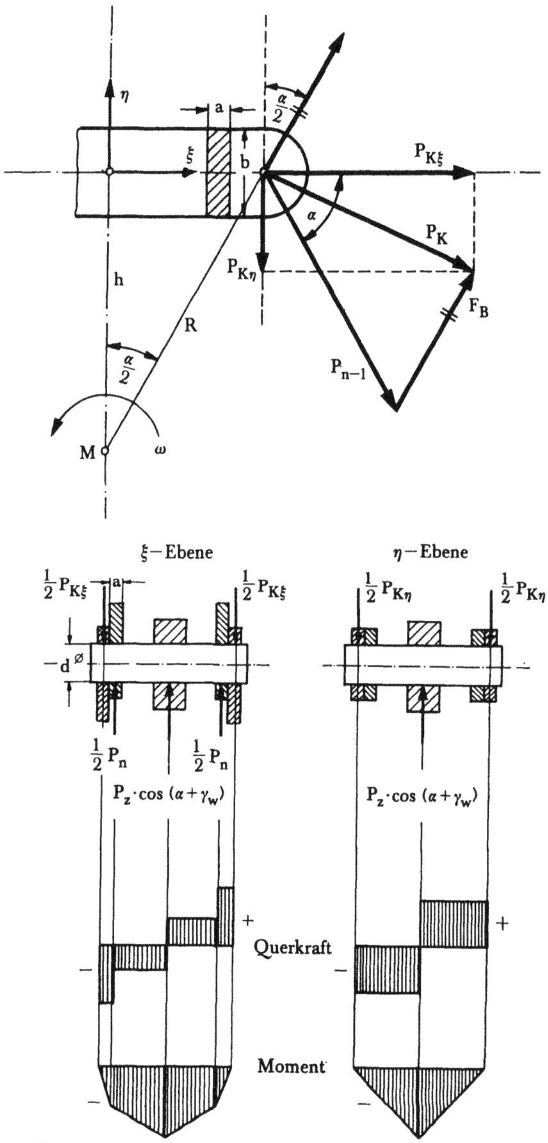

Abb. 37 Beanspruchung von Kettenlasche und -bolzen bei Rotation

4.3.2 Die Kräfte am Zahnträger

4.3.2.1 Allgemeines

Infolge unterschiedlicher Geschwindigkeiten, Zugkraft und Stellung des Zahnträgers zu Kette und Kurvenbahn sind die auf den Zahnträger wirkenden Kräfte in Betrag und Richtung einer stetigen Veränderung unterworfen.

Es werden die extremen Betriebszustände besprochen, um an ihnen die Maximalbelastung aufzuzeigen. Dies ist besonders im Hinblick auf eine Dimensionierung von Interesse. Die Vielfalt der möglichen Zahnträgerstellungen innerhalb eines extremen Betriebszustandes zwingt aber dazu, sich bei der Besprechung auf die Zahnträgerstellung $\varphi_B = 0°$ (Nullage) zu beschränken. Bei den angegebenen Zahlenwerten sind maximale statische und dynamische Kräfte in der Nullage wirkend angenommen worden. Ebenso sind auch die minimalen Kräfte und die möglichen Kombinationen beider bedacht worden, da beispielsweise das Abheben des hinteren Zahnträgerteiles bei geringster Andrückkraft und maximaler Massenkraft erfolgt.

4.3.2.2 Statische Kräfte in der Stellung $\varphi_B = 0°$

Auf den Zahnträger wirken bei Stillstand oder geringer Geschwindigkeit

1. *die Federkraft*, die die Laufrollen des Zahnträgers auf Führungsbahnen drückt und ein Abheben bei höherer Geschwindigkeit verhindert, und
2. *die Antriebskraft*, die vom Antriebsrad aufgebracht und von der Kette abgenommen wird.

Durch diese beiden Kräfte ergibt sich die in Abb. 38 dargestellte Kräfteverteilung am Zahnträger und dem mit ihm gelenkig verbundenen H-Gelenk, das radial im Antriebsrad gleitet. Infolge Federkraft wird

$$M_B = 0 \rightarrow C_{1F} r_1 - C_{F\,\mathrm{ges}} r_1 + C_{2F} r_2 = 0$$

$$C_{2F} = C_{F\,\mathrm{ges}} - C_{1F} \quad \text{für} \quad r_1 = r_2$$

$$M_{C2} = 0 \rightarrow C_{1F}(r_1 + r_2) - C_{F\,\mathrm{ges}}(r_1 + r_2) + C_{F\,\mathrm{ges}} r_2 = 0$$

$$C_{1F} = \frac{1}{2} C_{F\,\mathrm{ges}}$$

$$C_{1F} = C_{2F}.$$

Die Federkraft ist von der Kippstellung des Zahnträgers gegenüber dem H-Gelenk abhängig. Bei der 7° umfassenden Kippung ändert sich die Federkraft um 30%. Es werden Federn mit maximalen Kräften von 20 kp und minimalen von 15 kp verwendet.

Infolge Antriebskraft erhalten wir folgendes Kräfteverhältnis:

$$M_B = 0 \rightarrow C_{1K} r_1 - P r_4 + C_{2K} r_2 = 0$$

$$M_{C2} = 0 \rightarrow C_{1K}(r_1 + r_2) + P r_3 - P(r_4 + r_3) = 0$$

$$C_{1K} = C_{2K} = \frac{P r_4}{2 r_1}.$$

Die Antriebskraft ändert in jeder Stellung ihre Richtung in bezug auf den Zahnträger und wechselt in ihrem Betrag je nach Belastung der Kette im vorliegenden

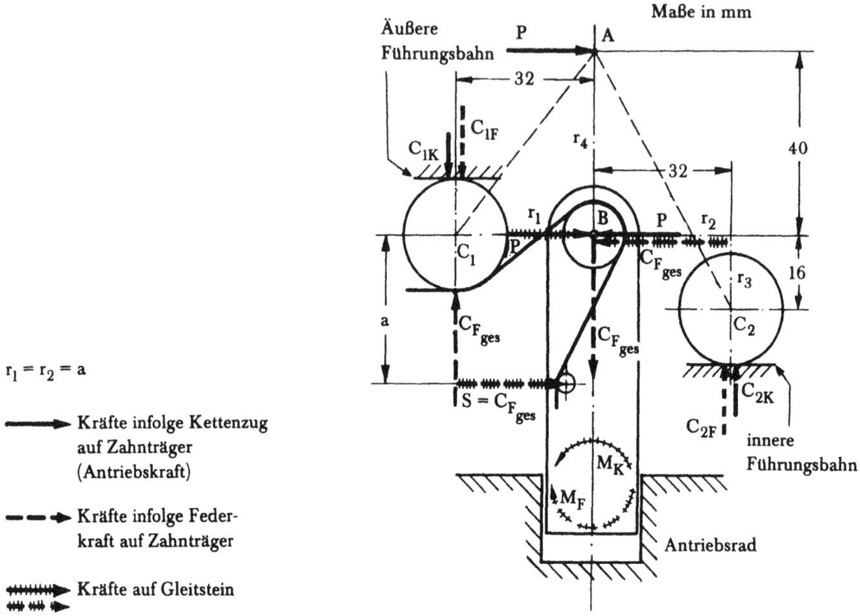

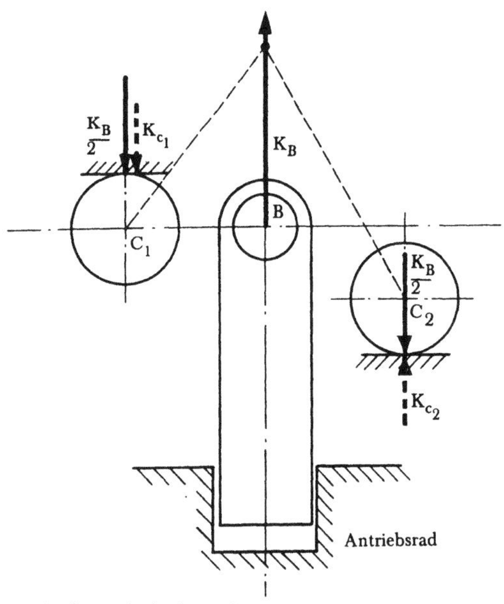

Abb. 38 Statisches Kräfteverhältnis und Massenkräfte an Zahnträger und Gleitstein in der Stellung $\varphi_B = 0°$
(Massenkräfte infolge Drehung um den Kettensternmittelpunkt ausgezogene Pfeile, um B gestrichelte Pfeile)

Fall zwischen 0 und 50 kp (vgl. Kap. 4.3.1.1; der letzte Wert ist sicherheitshalber erhöht). Bei aufliegender Kette unterstützt das durch den Kettenzug hervorgerufene Moment die Federkraft und drückt die Rollen gegen die Kurvenbahnen. Ebenso wird durch den Kettenzug dem Abheben entgegengewirkt.

4.3.2.3 Massenkräfte

Bei höheren Geschwindigkeiten treten am Zahnträger Massenkräfte auf. Hier sind zu nennen:

1. Fliehkraft infolge Rotation um den Kettensternmittelpunkt,
2. Massenkräfte infolge Unebenheiten in den Kurvenbahnen und Abweichung vom Kreis.

Die Ermittlung des zweiten Anteiles bereitet einige Schwierigkeiten, da die beteiligte Masse nicht eindeutig feststellbar ist.

Nach $K = mb$ können die Massenkräfte aus den Beschleunigungen Kap. 4.2.3 berechnet werden. Die beteiligte Masse muß sorgfältig abgeschätzt werden. Das aus der Massenkraft infolge Rotation um den Kettensternmittelpunkt (Massenkraft in B) und durch die Kippung entstehende Kräfteverhältnis ist in Abb. 38 für die Nullage dargestellt.

Bei zu hoher Geschwindigkeit bewirken die Massenkräfte ein Abheben der hinteren Rollen des Zahnträgers. Ohne Kettenzug muß die Abhebekraft gleich der Andrückkraft der Federn sein:

$$K_{\mathrm{Abh}} = m r \omega^2 = 2\, C_{F\,\mathrm{min}}.$$

Hierbei muß sowohl die Drehung um den Kettensternmittelpunkt als auch die Kippung um B berücksichtigt werden.

4.3.2.4 Besondere Betriebszustände

Auf Grund der drei auf den Zahnträger einwirkenden Kräfte Federkraft, Antriebskraft und Massenkraft ergeben sich folgende besonders hervorzuhebende Betriebszustände:

1. Belastung nur durch Federkraft,
2. Belastung durch Federkraft und Antriebskraft (Kettenzug),
3. Belastung durch Federkraft und Massenkraft,
4. Belastung durch Federkraft, Antriebskraft und Massenkraft.

Der erste Fall tritt bei geringerer Geschwindigkeit auf, wenn die Kette nicht belastet wird. Dabei wird die zum Antrieb des Leerlaufes von Zahnträger und Kette benötigte Kraft vernachlässigt. Dieser Fall ist für die Nullage bereits in Kap. 4.3.2.2 besprochen worden.

Der zweite Fall ergibt sich bei geringer Geschwindigkeit und belasteter Kette. Auch dieser Fall ist in Kap. 4.3.2.2 abgehandelt.

Der dritte Fall liegt vor, wenn sich die Zahnträger mit hoher Geschwindigkeit auf dem von der Kette nicht umspannten Teil des Kettensternes bewegen. Dieser Fall wird bei der Berechnung der Abhebegeschwindigkeit zugrunde gelegt (s. Kap. 4.3.2.3).

Dem letzten Belastungsfall unterliegen die Zahnträger, die bei hoher Geschwindigkeit mit der belasteten Kette in Eingriff sind. Für die meisten Bauteile tritt hier die größte Beanspruchung auf.

4.3.2.5 Beanspruchung der Bauteile

Wegen großer Wechselbeanspruchungen muß die Konstruktion des Zahnträgers sehr sorgfältig vorgenommen werden.
Für die Vorderachse ist der Fall 4 aus Kap. 4.3.2.4 maßgebend, bei dem maximale Federkraft mit maximalem Kettenzug und maximaler Massenkraft zusammenwirkt (Abb. 38). Abb. 39 zeigt Kräftebild und qualitativen Spannungsverlauf. Die maximale Massenkraft liegt dann vor, wenn die hinteren Rollen des Zahnträgers abheben, d. h. wenn die Massenkraft gleich der minimalen Andrückkraft der hinteren Rollen ist. Es wird angenommen, daß K_B sich zu gleichen Teilen auf Vorder- und Hinterachse verteilt. Ebenso gilt die Annahme, die Federkraft werde von allen vier Rollen gleichmäßig aufgenommen. Aus diesem Grund wirkt in der Mitte der Vorderachse als Reaktionskraft des schraffierten Zahnträgerkernstückes auf die Vorderachse $\frac{1}{2}\, C_{F\,\mathrm{ges}}$. Der Spannungsverlauf zeigt im vorliegenden Fall Spitzen bis etwa 5 kp/mm². Die Spannungen, bei denen es sich um Biegewechselspannungen handelt, wurden unter Berücksichtigung der Kerbwirkung ermittelt.
An der Hinterachse liegen ähnliche Kräfteverhältnisse vor. Der Fall größter Beanspruchung ist gegeben, wenn die Massenkraft fehlt und nur Feder- und Antriebskraft wirken. Insgesamt ist die Belastung der Hinterachse geringer als die der Vorderachse.
Für den Gelenkbolzen tritt wie für die Hinterachse die größte Beanspruchung im Fall 2 auf. Es ergibt sich das in Abb. 39 dargestellte Kräfteverhältnis in zwei Ebenen. Mit einer maximalen Biegewechselbelastung von 6 kp/mm² ist dieses Teil das am höchsten beanspruchte.
Das H-Gelenk ist allein durch die Federkraft der stärksten Biegebelastung ausgesetzt. Es steht in diesem Fall am weitesten aus dem Antriebsrad heraus (Abb. 40). Darüber hinaus tritt an dem im Antriebsrad verbleibenden Teil Flächenpressung auf, für die die maximale Antriebskraft maßgebend ist. Großer Wert muß auf eine passende Materialpaarung zwischen Antriebsrad und H-Gelenk (im vorliegenden Fall Nitrierstahl-Alubronze-Guß) und auf eine genaue Passung gelegt werden, damit eine Verkantung verhindert wird.
Die auf den Kurvenbahnen ablaufenden Rollen müssen nach Hertz auf Flächenpressung berechnet werden. Der kleinste Krümmungsradius wurde im vorliegenden Fall an der Außenkurvenbahn mit $r_2 = 50$ mm, an der Innenkurvenbahn mit 15 mm gemessen. Die Andrückkraft setzt sich aus Federkraft-, Kettenzug- und Massenkraftanteil zusammen und geht aus Abb. 38 hervor. Überschlägig ergibt sich eine maximale Hertz'sche Flächenpressung von $p_0 = 32{,}1$ kp/mm² für die hinteren Rollen.
Die Federn werden für eine bestimmte Andrückkraft des hinteren Rollenpaares ausgelegt. Ihr Material muß eine hohe Dauerwechselfestigkeit aufweisen.

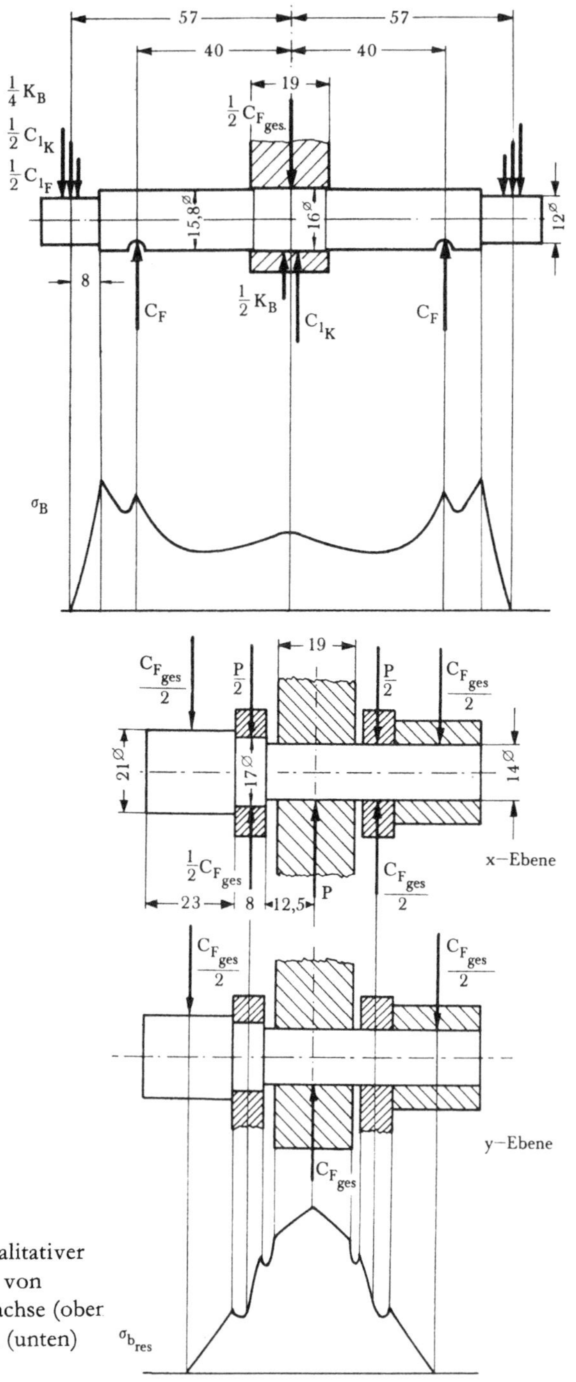

Abb. 39 Kräftebild und qualitativer Spannungsverlauf von Zahnträgervorderachse (ober und Gelenkbolzen (unten)

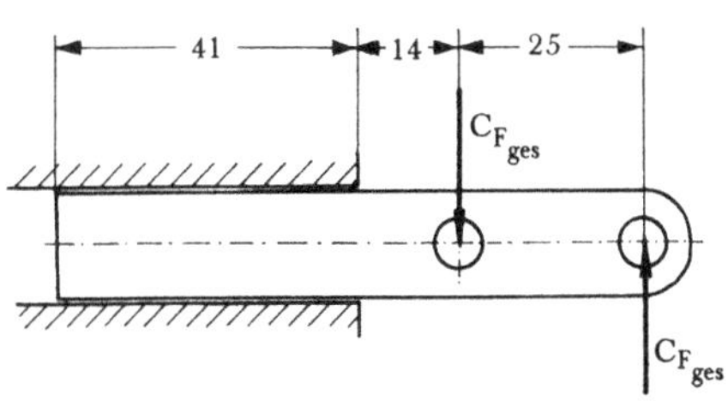

Abb. 40 Belastung der Gleitgabel

5. Experimenteller Teil: Untersuchung des Kettensternes mit Ausgleichsgetriebe

5.1 Aufgabe der experimentellen Untersuchung

Im Rahmen der vorliegenden Arbeit, in der die Entwicklung einer neuartigen Kettenantriebs- und -umlenkeinrichtung von der Idee bis zur Erprobung unter Laborbedingungen geführt wird, kommt der experimentellen Untersuchung die Aufgabe zu, den praktischen Nachweis für die theoretischen Überlegungen zu erbringen. Hierzu werden Vergleichsmessungen zwischen dem herkömmlichen und dem neuartigen Kettentrieb durchgeführt.

5.2 Auswahl von Meßgrößen und Meßstellen

Die Änderungen des neuartigen Kettentriebes gegenüber dem herkömmlichen sollen durch folgende Vergleiche meßtechnisch erfaßt werden:

I. Gegenüberstellung der Laufruhe der Ketten und des dynamischen Verhaltens von Kettenstern und Traggerüst für den Geschwindigkeitsbereich, innerhalb dessen der herkömmliche Kettentrieb betrieben werden kann;

II. Gegenüberstellung des Drehmomentverlaufes für bestimmte Geschwindigkeiten ebenfalls in dem unter I. genannten Geschwindigkeitsbereich;

III. Gegenüberstellung der erzielbaren Geschwindigkeiten, Aufzeichnung der Laufruhe der Kette und des dynamischen Verhaltens von Kettenstern und Traggerüst für den neuartigen Kettentrieb auch bei höheren Geschwindigkeiten;

IV. Gegenüberstellung der Geräuschentwicklung.

Zur Beurteilung von Kette und Kettenstern im Fall I wurden nach eingehenden Untersuchungen gewählt:

1. Die Dehnungsmessung am Kettenglied als Hauptmessung des Laufverhaltens der Kette,
2. Die Messung des Drehmomentes als Ergänzung zu 1.,
3. Die Messung der Dehnungen an einer ausgewählten Stelle des Traggerüstes als Aufzeichnung des dynamischen Verhaltens von Kettenstern und Traggerüst.

Hierzu war besonders die Frage zu klären, ob der Messung von Beschleunigungen oder Dehnungen der Vorzug zu geben ist. Für das Laufverhalten der Kette ist die Beschleunigung zweifellos die nächstliegendste Größe, da sie sich proportional den wirkenden d'Alembertschen Kräften verhält. Die Dehnung, die als relativer Federweg des Materials bezeichnet werden kann, wird bei Messung mit Dehnungsmeßstreifen

$$\varepsilon = \frac{\Delta l}{l} = \frac{1}{k} \frac{\Delta R_s}{R_s} = \frac{1}{k} \frac{\sigma}{E}$$

mit k = Empfindlichkeitsfaktor des Dehnungsmeßstreifens,
R_s = Widerstand des Dehnungsmeßstreifens.

Filtert man den gesamten Konstantanteil wie im vorliegenden Fall durch eine entsprechende elektrische Schaltung heraus, so wird das verbleibende $\Delta\varepsilon$ eine der Beschleunigungsdifferenz proportionale Größe:

$$\Delta\varepsilon = \frac{m}{kEF} \Delta b \quad \text{mit} \quad \frac{m}{kEF} = \text{const.}$$

Man erreicht dies durch die Benutzung der Gleichstromkopplung des Oszillographen, infolge deren Abklingzeit nach einem gegebenen Impuls keine länger als 0,5 sec dauernden Vorgänge registriert werden. Der Fortfall der Dehnungen, die durch konstante d'Alembertsche Kräfte hervorgerufen werden, ist ohne Belang, da sie einmal innerhalb der Problemstellung des Falles I nur bei der Umlenkung der Kette auftreten, zum andern aber über die Laufruhe der Kette keine Aussage zu geben vermögen.

Abgesehen von der theoretischen Gleichwertigkeit der Meßgrößen Dehnung und Beschleunigung waren für die Wahl der Dehnungsmessung noch folgende Vorteile maßgebend:

1. Geringer Raumbedarf der Dehnungsmeßstreifen.
2. Einfache Schaltung ohne Temperaturkompensation mit Batteriespeisung und direktem Anschluß an den Oszillographen ohne frequenzabhängige Meßverstärker und Meßbrücken.
3. Großer Frequenzbereich.
4. Wegen der geringen Dehnungen beliebige Belastungssteigerung im Rahmen des Hooke'schen Gesetzes ohne Überdehnung des Streifens.
5. Große Empfindlichkeit durch Verwendung von Halbleiter-Dehnungsmeßstreifen, die 60mal empfindlicher als normale Dehnungsmeßstreifen sind.

Für die Fälle II und III werden noch Drehmoment und Drehzahl benötigt, die aber bereits unter I gemessen werden müssen.

Der Schalldruck

$$L = 20 \lg p/p_0 \,[dB]; \quad p_0 = \text{Bezugsschalldruck} = 20\ \mu\text{N/m}^2$$

wird einmal absolut, zum andern relativ durch die Bewertung nach der Vergleichskurve A gemessen. Die Kurve A ist international festgelegt und berücksichtigt das menschliche Gehörempfinden, dem höhere Töne unangenehmer sind als tiefere. Die Aufnahme der Geräuschentwicklung wird als Rundummessung an verschiedenen Orten in der Umgebung des Prüfstandes sowie als Frequenzanalyse an einem Ort durchgeführt. Der Schalldruckmessung kommt in diesem Zusammenhang eine besondere Bedeutung zu. Sie eignet sich durch die Frequenzanalyse nicht nur zur Feststellung der beteiligten Frequenzen, sondern sie stellt auch eine übergeordnete Messung dar, nach der das Laufverhalten des Kettentriebes als Ganzes beurteilt werden kann.

Folgende Meßstellen werden gebildet:

Meßstelle A Messung der Dehnungen an der Lasche eines beliebigen Kettengliedes in drei Richtungen;

Meßstelle B Messung der Dehnungen an der am Traggerüst befestigten Spannvorrichtung des Abtriebskettensternes in Richtung des geradlinigen Trums;

Meßstelle C Messung des Drehmomentes an der Antriebsseite zwischen Motor und Kettenstern;

Meßstelle D Messung der Geräuschentwicklung als Rundummessung in 3 m Abstand vom Prüfstand; Durchführung der Frequenzanalyse an nur einem Ort in 1,50 m Abstand vom Prüfstand.

Zur Wahl der Meßstelle B ist zu bemerken, daß ihr Standort für beide Kettentriebe gleich bleibt. Wegen der Spannvorrichtung ist diese Meßstelle zur Aufnahme der Schwingungen des Abtriebskettensternes besonders geeignet. Die Meßstelle D besteht in ausgewählten Punkten auf einer im Abstand von 3 m um den Prüfstand führenden Linie.

Es besteht die Möglichkeit, aus den Ergebnissen der Dehnungsmessung am Kettenglied in drei Richtungen über die Hauptdehnungen die Spannungen zu ermitteln. Hierzu sei auf [19] verwiesen.

5.3 Beschreibung der Versuchseinrichtung

5.3.1 Der Prüfstand

5.3.1.1 Der mechanische Aufbau

Für die Untersuchung der neuartigen Kettensterne ist vom Verfasser ein universeller Kettenprüfstand konstruiert worden, der sowohl mit herkömmlichen als auch neuartigen Kettensternen ausgerüstet werden kann (Abb. 41).

Es lassen sich folgende Baugruppen unterscheiden (Abb. 42):

Baugruppe PI Baugruppe des Antriebs mit dem Elektromotor (G), zwei Gummielementkupplungen (D) und der Drehmomentmeßwelle (E),

Baugruppe PII Baugruppe des Traggerüstes mit dem Traggerüst (A), den Kettensternen (C, B) und der Kette (Q),

Baugruppe PIII Baugruppe des Abtriebs mit dem Lastgenerator (H) und einer Gummielementkupplung (D),

Baugruppe PIV Baugruppe des Zubehörs mit dem Schaltschrank (L), dem Belastungswiderstand für den Generator (K), dem Einschaltschützwiderstand und dem Gebläse für den Generator,

Baugruppe PV Baugruppe der Meßtechnik mit zwei Oszillographen (Osz), einer Meßbrücke (P) und einem Stroboskop (Str) (vgl. Kap. 5.3.2).

Abb. 41 Gesamtanlage des Kettenprüfstandes mit neuartigen Kettensternen

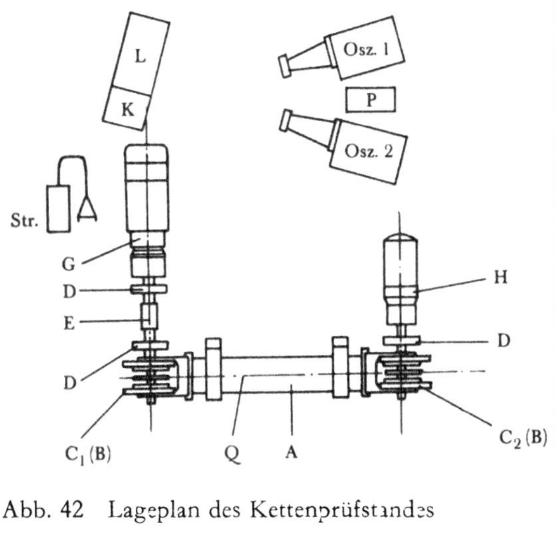

Abb. 42 Lageplan des Kettenprüfstandes

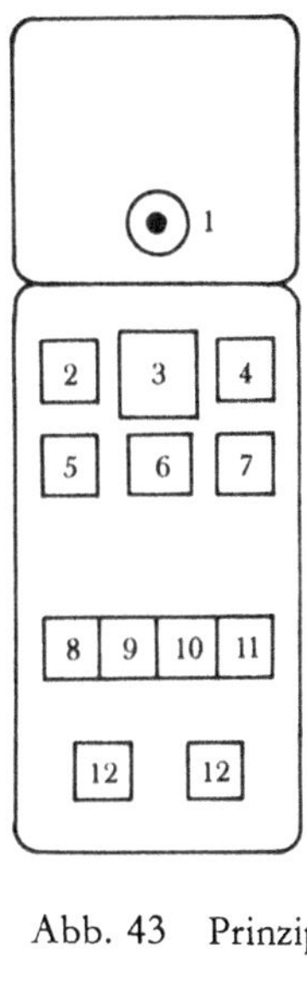

1 Potentiometer für Erregerwiderstand
2 Netzspannung
3 Drehzahl
4 Strom Antriebsmotor
5 Generatorspannung
6 Generatorerregung
7 Generatorbelastung
8 Hauptschalter Drehstrom
9 Schalter Generatorerregerstrom
10 Antriebsmotor ein - aus
11 Schalter Generatorbelastungsstrom
12 Kontrollampen

Abb. 43 Prinzipskizze des Schaltschrankes

Der Antrieb (Abb. 44) erfolgt durch einen läufergespeisten Drehstrom-Nebenschlußmotor mit verschiebbaren Bürsten zur Drehzahlregelung und angeflanschtem Untersetzungsgetriebe. Von hier aus wird das Drehmoment über die zwischen zwei Gummielementkupplungen gelegene Drehmomentmeßwelle auf den Antriebskettenstern übertragen. Die Kette wiederum treibt den Abtriebskettenstern, der durch einen Lastgenerator abgebremst werden kann.

Kennzeichnung der wichtigsten Bauelemente des Prüfstandes:

Traggerüst (Abb. 45): Das Traggerüst besteht aus einem Rohr von 267 mm Durchmesser, in dem ein kleineres Rohr zur Kettenspannung verschoben werden kann. An jeweils einem Ende des Rohres befindet sich der Flansch zur Befestigung des Kettensternes. Die geradlinigen Kettentrums werden durch Schienen geführt, die am Traggerüst befestigt sind. Der Abstand der Kettensternmittelpunkte beträgt ca. 2000 mm.

Kette (s. Kap. 3.2.2).

Antriebsmotor: Der läufergespeiste Drehstrom-Nebenschlußmotor besitzt einen Schleifring und zwei Bürstensätze zur Drehzahlsteuerung. Die vierpolig ausgeführte Maschine leistet 4,18 kW, hat eine Synchrondrehzahl von 1500 U/min und eine Höchstdrehzahl von 2300 U/min. Angeflanscht ist ein Getriebe mit dem Untersetzungsverhältnis 5,75:1. Der Motor ist drehzahlregelbar im Bereich 1:∞ mit dem Hauptsteuerbereich 1:50. Durch einen Zusatzwiderstand kann der Motor bei beliebiger Bürstenstellung und Belastung angefahren werden. Die Maschine ist fremdbelüftet und wird bei Überlastung durch einen Wärmewächter abgeschaltet.

Gummielementkupplung (Abb. 46): Zwei mittels Pendellager zentrierte Kupplungshälften übertragen das Drehmoment über 12 sternförmig angeordnete Gummielemente. Es lassen sich verschieden harte Gummielemente einsetzen.

Schaltschrank: Der Schaltschrank ist aus Normteilen zusammengesetzt und besitzt die in Abb. 43 gezeigten Instrumente.

Lastgenerator: Es handelt sich um einen Gleichstrom-Generator, der auf einen Regelwiderstand arbeitet. Das Generatormoment ist durch Änderung des Erregerstromes und des Widerstandes zweifach stufenlos regelbar. Die Maximaldrehzahl beträgt 2700 U/min, die Leistungsaufnahme 7,8 kW. Es ist ein Untersetzungsgetriebe 6,75:1 angeflanscht.

5.3.1.2 Der elektrische Teil

Die Gesamtanlage besteht aus vier getrennten Stromkreisen (Abb. 47):

Das Drehstromnetz 380 V/50 Hz, an das der Antriebsmotor, Motor- und Generatorlüfter angeschlossen sind (I),
das Gleichspannungsnetz 220 V für die Generatorerregung (II),
das Gleichspannungsnetz 220 V des Generatorläufers mit dem Belastungswiderstand (III) und
der Drehstromkreis des an der Generatorwelle angeschlossenen Tachogenerators zur Drehzahlmessung (IV).

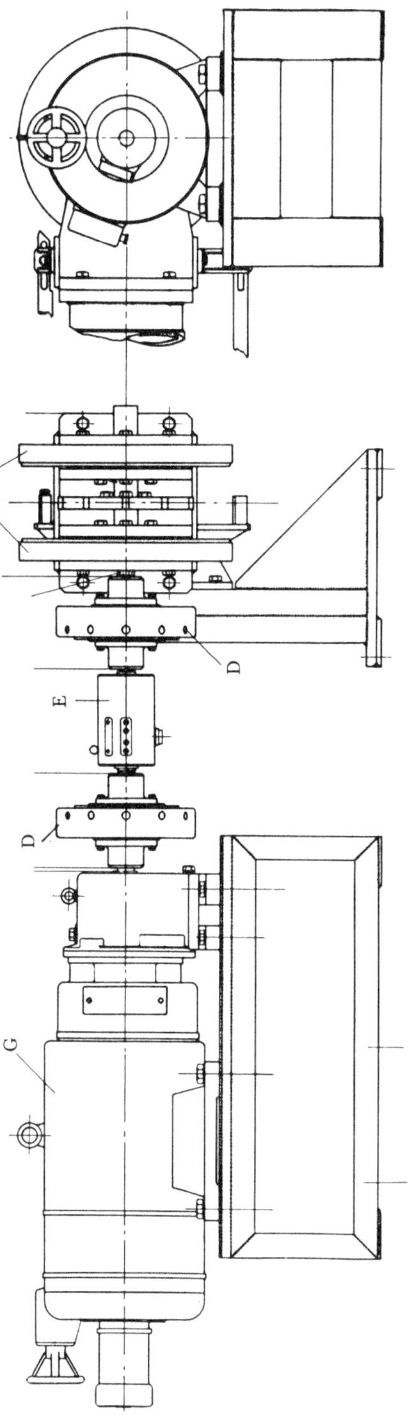

Abb. 44 Baugruppe des Antriebes

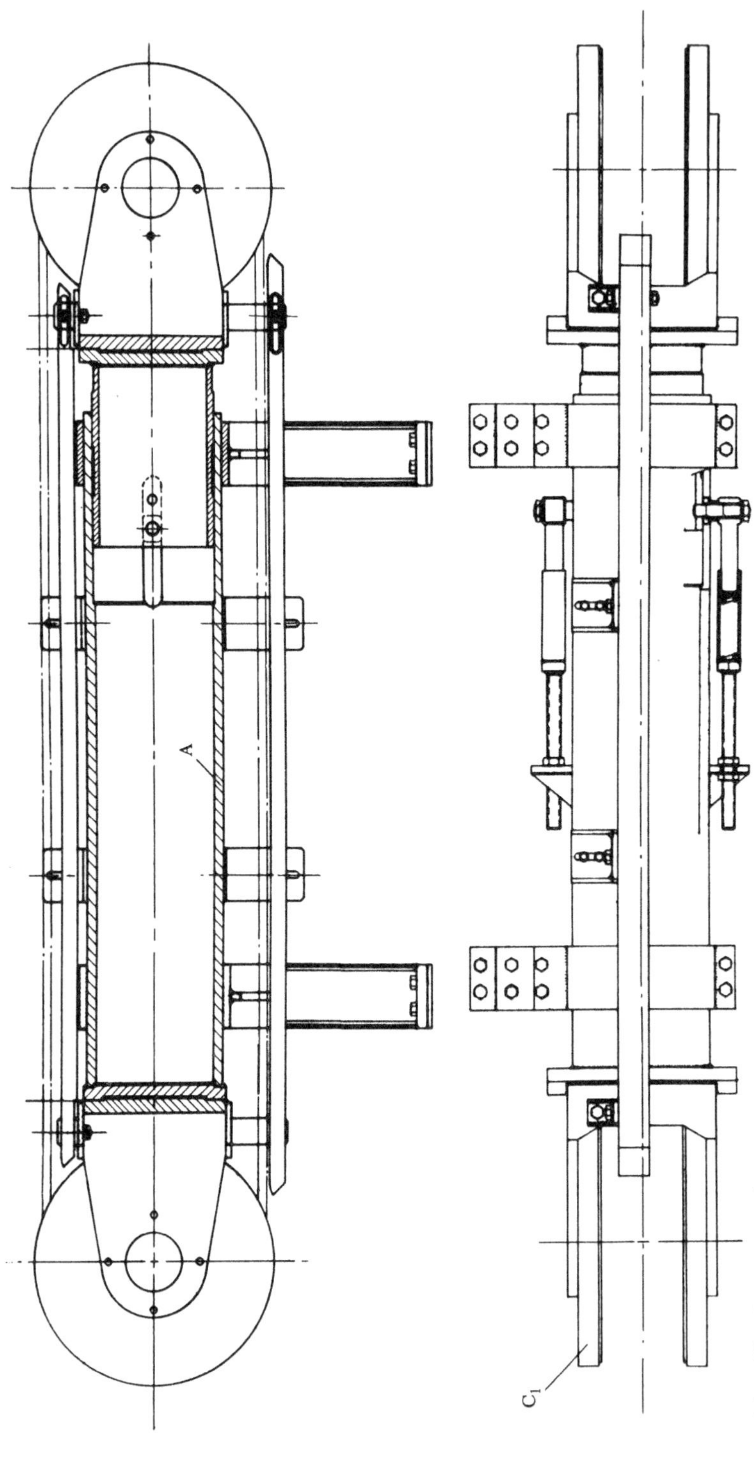

Abb. 45 Baugruppe des Traggerüstes

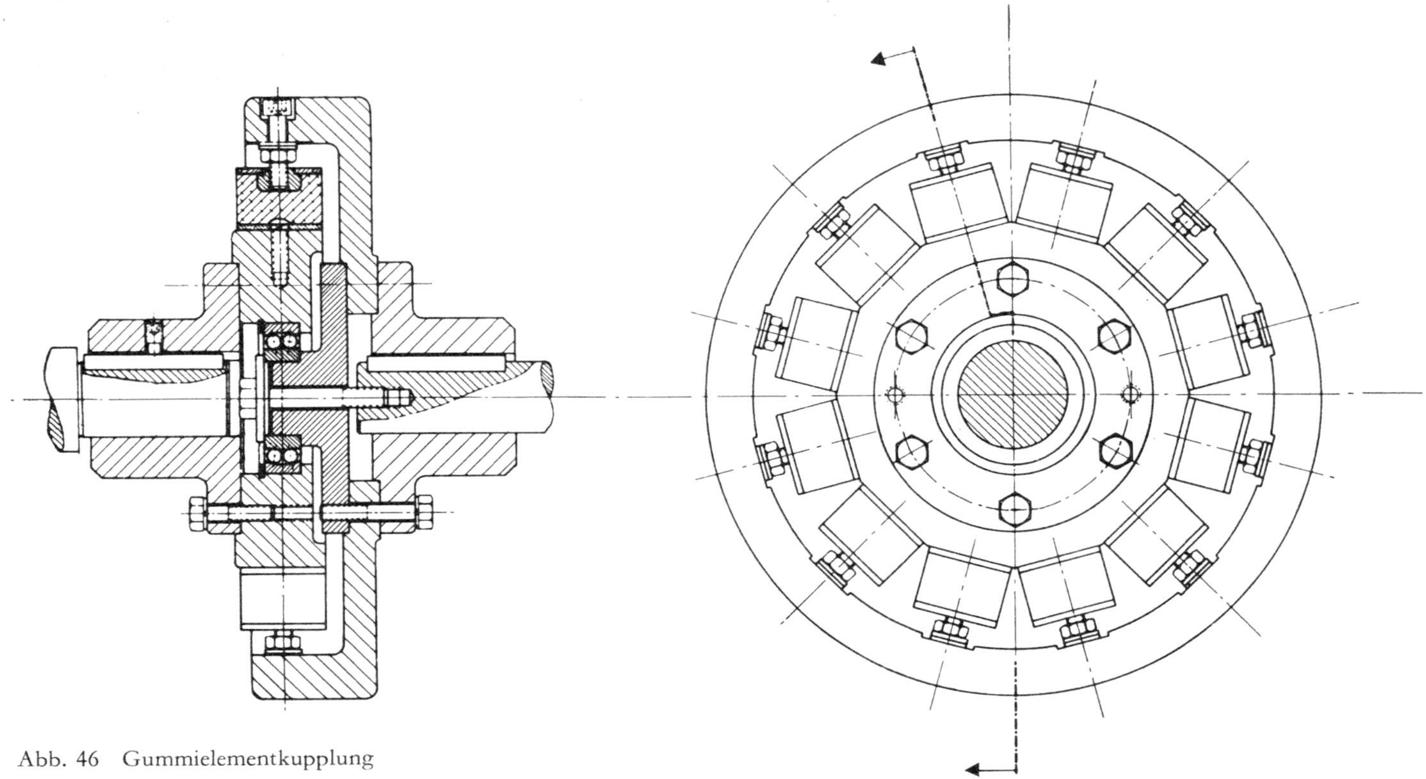

Abb. 46 Gummielementkupplung

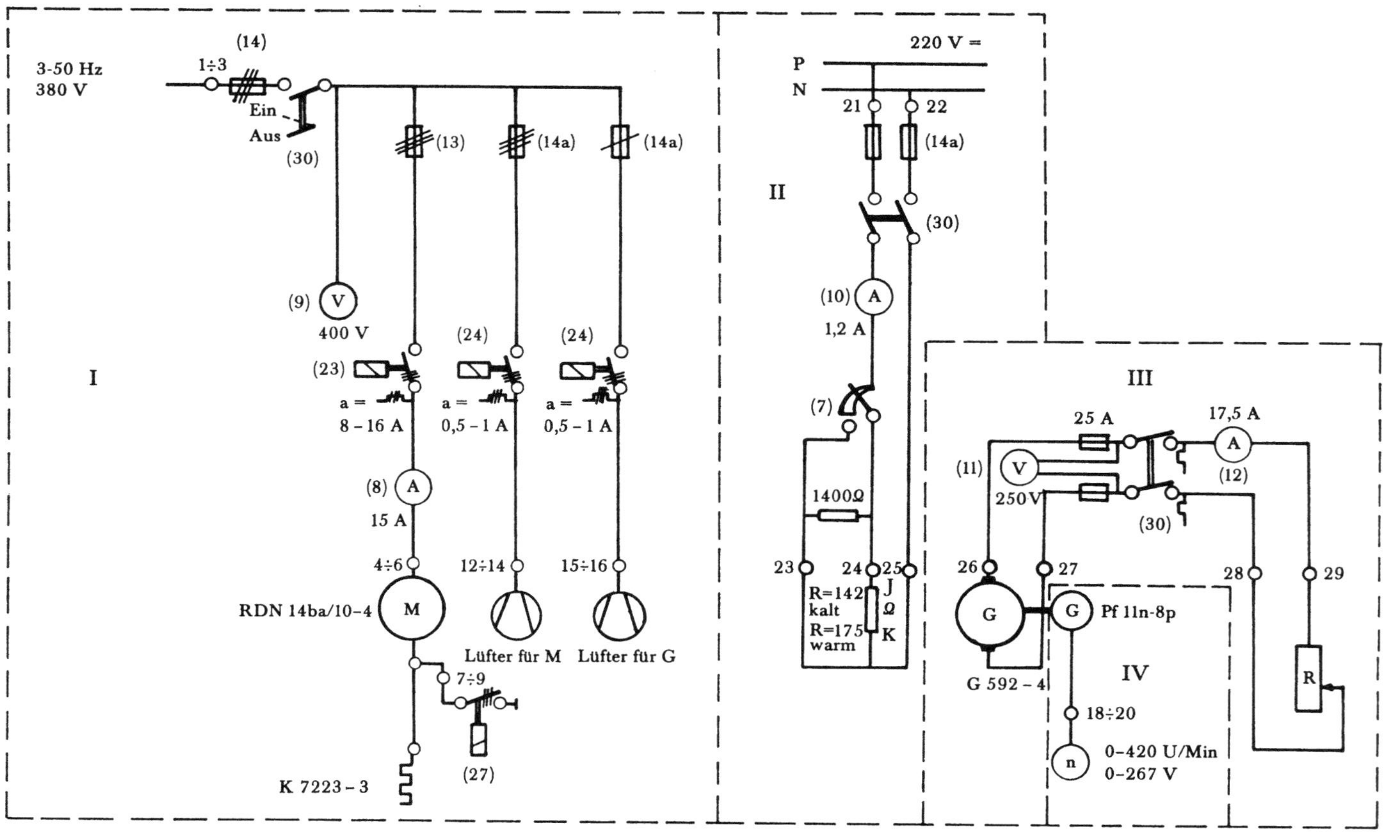

Abb. 47 Schaltbild des Kettenprüfstandes

5.3.1.3 Eigenschaften und Leistungen

Stufenlose Drehzahlregelung im Bereich zwischen 20 und 400 U/min entsprechend 0,46–9,15 m/s.
Stufenlose Belastungsregelung.
Schwingungsunempfindlichkeit und Verwindungssteifheit des Traggerüstes.
Leicht auszuwechselnde Führungsschienen der Kettenglieder in den geradlinigen Trums.
Freie Zugänglichkeit der Kettenglieder während des ganzen Umlaufes von einer Längsseite des Prüfstandes aus.
Leichte Montierbarkeit und ausreichende Spannmöglichkeit der Kette.
Betrieb des Prüfstandes mit herkömmlichen und neuartigen Kettensternen.
Möglichkeiten zur meßtechnischen Erfassung aller interessierender Größen.

5.3.1.4 Simulierung praxisnaher Verhältnisse

Es ist die Frage von Interesse, inwieweit sich durch den Prüfstand praktische Verhältnisse simulieren lassen.
Die beste Übereinstimmung mit der Praxis ergibt sich für den Antriebskettenstern. Der Abtriebskettenstern wird auf dem Prüfstand stärker belastet als in Wirklichkeit, wenn er ein Bremsmoment überträgt. Infolge dieser Abtriebsbelastung ist dann die Zugkraftänderung im geradlinigen Trum von Kettenglied zu Kettenglied gleich ihrem Fahrwiderstand. In der Praxis kommt hier noch der Anteil hinzu, der durch das auf den Kettengliedern lastende Gewicht des Fördergutes bedingt ist. Die Wiedergabe praxisnaher Verhältnisse beschränkt sich daher auf die Bedeutung von Drehzahl und Drehmoment des Prüfstandes in der Praxis.
Für einen einfachen Plattenbandförderer ist bei Horizontalförderung der Förderstrom [6]:

$$Q_t = 3600\, A_{F\ddot{o}} v_w \gamma_s \quad [\mathrm{Mp/h}]$$

mit $A_{F\ddot{o}}$ = Förderstromquerschnittsfläche,
$A_{F\ddot{o}} = 0{,}25\,(0{,}9\,B - 0{,}05)^2 \operatorname{tg} \beta_{F\ddot{o}}/2$,
v_w = Geschwindigkeit der Förderkette in der Praxis in m/s,
B = Förderbandbreite in m.

Für $\beta_{F\ddot{o}} = 15°$ und $\gamma_s = 0{,}85$ Mp/m³ (Steinkohle) ergibt sich

$$Q_t = 205\,(0{,}9\,B - 0{,}05)^2 v_w \quad [\mathrm{Mp/h}].$$

Die hierzu erforderliche Leistung beträgt

$$N_a = \frac{L_{F\ddot{o}}\, f}{270}\,(Q_t + 3{,}6\, G_m v_w) + N_z \quad [\mathrm{PS}]$$

mit $L_{F\ddot{o}}$ = Förderlänge in m,
G_m = Gewicht der bewegten Teile vom oberen und unteren Trum in kp/m,
N_z = Zusatzleistung für Schüttgutaufgabe u. a. in PS.

Nach Einsetzen der Gleichung für Q_t erhalten wir:

$$N_a = \frac{L_{F\ddot{o}}\, f\, v_w}{270}\,[205\,(0{,}9\,B - 0{,}05)^2 + 3{,}6\, G_m] + N_z \quad [\mathrm{PS}].$$

Andererseits ist aber die Antriebsleistung auch

$$N_a = \frac{M_d n}{716{,}2} \text{ [PS].}$$

Setzen wir beide Ausdrücke für die Antriebsleistung gleich, so ergibt sich die Übereinstimmung der Werte für Prüfstand und Praxis. M_d und n sind vom Prüfstand her bekannt; f wird zu 0,1 angenommen (Gliederförderer mit Gleitlager-Laufrollen), G_m mit 50 kp/m und N_z mit 0,5 PS.
Wir erhalten nun eine Gleichung mit den drei unbekannten Größen Förderlänge, Fördergeschwindigkeit und Förderbandbreite

$$M_d n = 0{,}265\, L v_w \,[205\,(0{,}9\,B - 0{,}05)^2 + 180] + 358{,}1,$$

worin jeweils zwei Größen vorgegeben werden müssen, um eine Bestimmungsgleichung für die dritte zu erhalten.
Legen wir $L_{Fö}$ mit 50 m und B mit 0,5 m fest, so ergeben sich für die Prüfstandswerte $M_d = 10$ mkp und $n = 400$ U/min z. B.

$$v_w = 1{,}26 \text{ m/s} \quad \text{und} \quad Q_t = 41{,}4 \text{ Mp/h},$$

für die Prüfstandswerte $M_d = 0$ mkp und $n = 20$ U/min z. B.

$$v_w = 0{,}063 \text{ m/s} \quad \text{und} \quad Q_t = 2{,}07 \text{ Mp/h}.$$

5.3.2 Die Meßeinrichtung

Zur Messung der Laufruhe der Kette in drei Richtungen, des Schwingungsverhaltens von Kettenstern und Traggerüst in einer Richtung und des Drehmomentes wird die in Abb. 48 gezeigte Meßanordnung benutzt. Die Dehnungsmeßstreifen werden über den Verteiler von einer konstanten und netzunabhängigen Gleichspannungsquelle gespeist und sind über den gleichen Verteiler mit den Oszillographen derart verbunden, daß entweder nur die Meßstelle A oder die Meßstelle B auf dem Schirmbild erscheint. Die Drehmoment-Meßwelle steht über eine Meßbrücke direkt mit dem Oszillographen in Verbindung. Die Auslösung des Elektronenstrahles erfolgt durch eine externe Triggerung, deren Impuls von einer Fotozelle in Verbindung mit einem Stroboskop ausgeht. Das Schirmbild wird von einer Einzelbildregistriereinrichtung aufgenommen, die aus einem Tubus, einer Rolleicord-Kamera und einem Polaroid-Ansatz besteht.
Es stehen folgende Geräte zur Verfügung:

Meßwertaufnehmer:
Halbleiter-Dehnungsmeßstreifen Philips PR 9861,
Widerstandsnennwert 127 Ohm,
Empfindlichkeitsfaktor $k = 120$,
Drehmoment-Meßwelle Hottinger T–1/50,
Meßbereich bis 50 mkp und 6000 U/min.

Gleichspannungsquelle:
4 Batterien je 6 V.

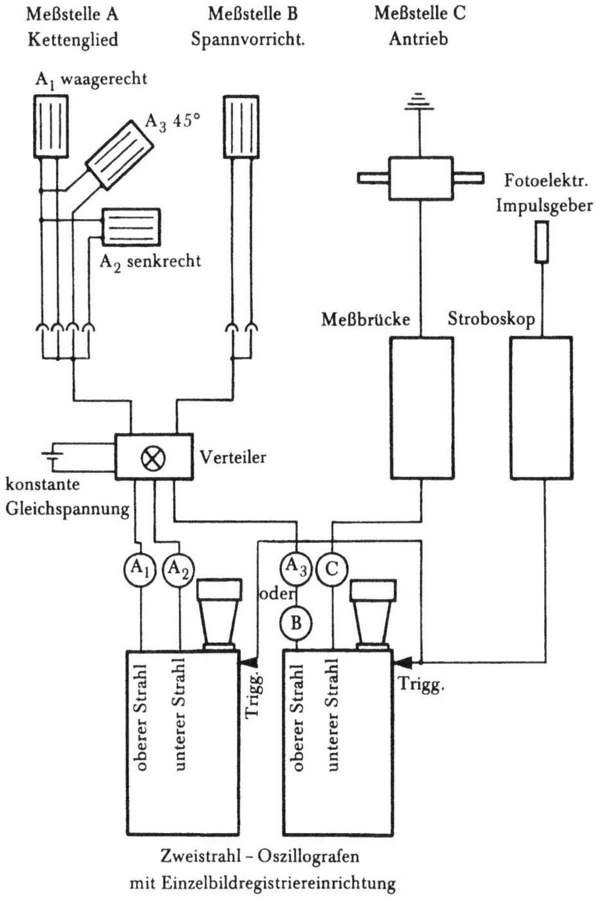

Abb. 48 Meßanordnung

Meßbrücke :
Trägerfrequenz-Meßverstärker Hottinger KWS/II–5,
5 kHz Trägerfrequenz,
Frequenzbereich 0–1300 Hz.

Oszillographen :
2 Zweistrahl-Oszillographen Tektronix 502 A.

Einzelbildregistriereinrichtungen :
2 Philips PM 9300 mit Kamera Rolleicord für normalen Rollfilm oder Polaroidfilm.

Impulsgeber für Triggerung :
Fotoelektrischer Impulsgeber Philips PR 9121 in Verbindung mit dem Stroboskop 9107.

Schallpegelmesser :
Präzisions-Schallpegelmesser mit Oktavfilter Brüel und Kjaer, Typ 2203/1613.

Die Meßstellen haben im einzelnen folgenden Aufbau:

Meßstelle A (Kettenglied): (Abb. 50)

Messung der Laufruhe der Kette.
Drei Halbleiter-Dehnungsmeßstreifen sind auf einer beliebigen Kettenlasche in Richtung des geradlinigen Trums, senkrecht und unter 45° dazu aufgeklebt. Die Dehnungen werden auf zwei Oszillographen aufgegeben und gleichzeitig photographiert.

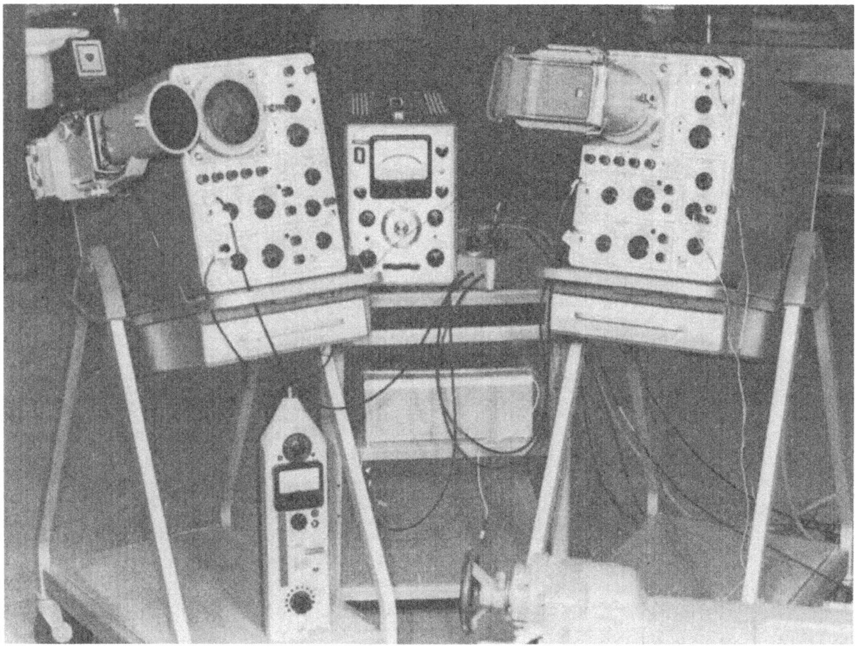

Abb. 49 Verwendete Meßgeräte

Meßstelle B (Traggerüst): (Abb. 51)

Messung des Schwingungsverhaltens des Abtriebskettensternes und des Traggerüstes.
Ein Halbleiter-Dehnungsmeßstreifen ist auf der Spannvorrichtung am Traggerüst in Richtung des geradlinigen Kettentrums aufgeklebt.

Meßstelle C (Antrieb): (Abb. 52)

Messung des Antriebsmomentes.
Die Drehmoment-Meßwelle ist zwischen Antriebsmotor und Kettenstern eingebaut (vgl. Abb. 44).

Meßstelle D (Umgebung des Prüfstandes): (Abb. 53)

Messung der Geräuschentwicklung des Kettentriebes und Durchführung einer Frequenzanalyse.

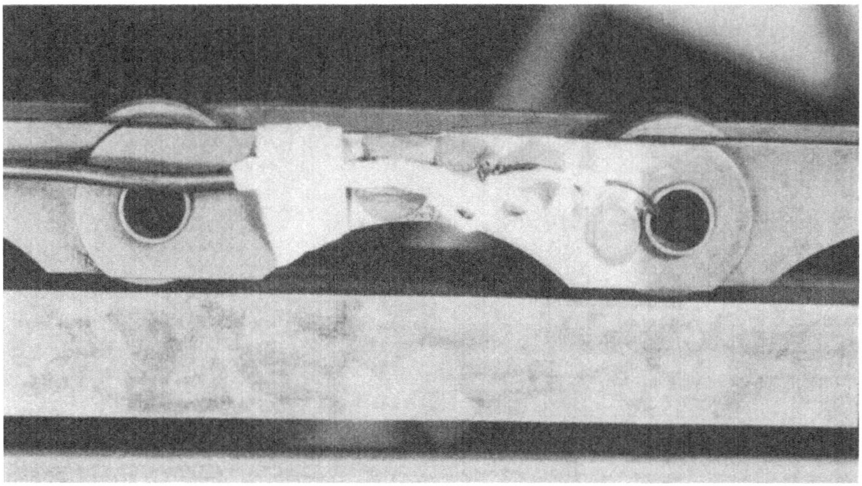

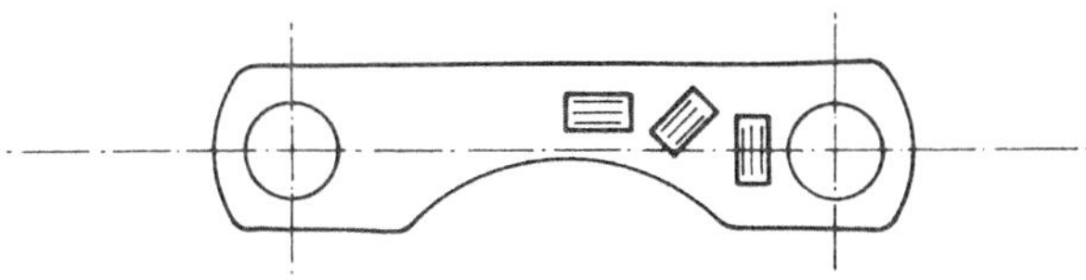

Abb. 50 Meßstelle A am Kettenglied

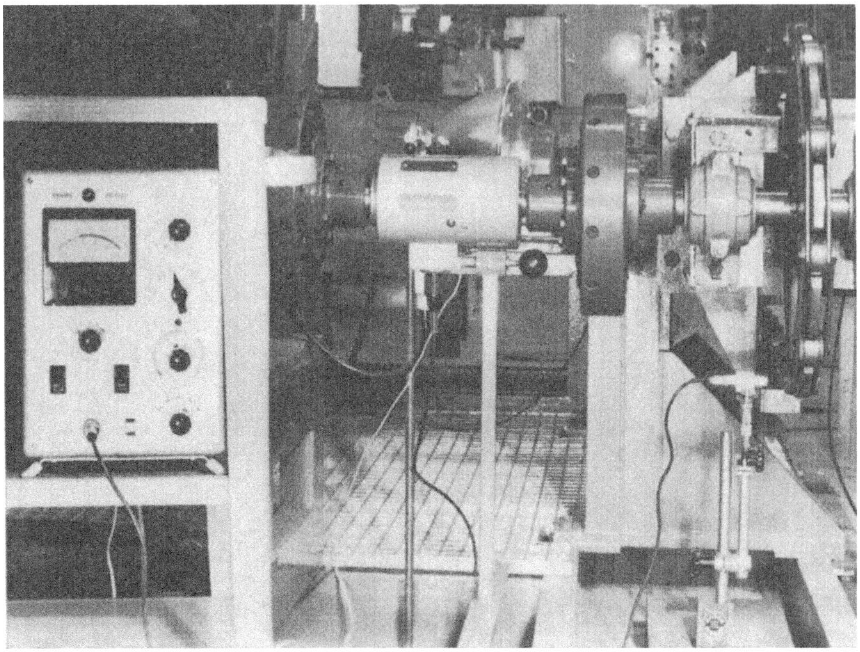

Abb. 52 Meßstelle C, Drehmomentmeßwelle und Impulsgebereinheit

Das Aufnahmegerät wird um den Prüfstand herumgetragen; die Messungen erfolgen an ausgewählten Stellen auf einer im Abstand von 3 m um den Prüfstand führenden Linie.
Zur Frequenzanalyse wird eine feste Stelle in 1,50 m Abstand vom Prüfstand benutzt.
Während die Meßstellen *B* und *C* mit fest verlegten Kabeln an die Meßgeräte angeschlossen sind, wird für die umlaufende Meßstelle *A* ein ca. 10 m langes Kabel benötigt. Eine sich in einigen Metern Abstand vom Prüfstand befindenden Person hält das Kabel, das durch die einseitig offene Lage der Kette ungehindert umlaufen kann. Das Kabel verträgt infolge seiner großen Länge und seiner Flexibilität eine größere Anzahl Umläufe, bevor es entdrillt werden muß. In zahlreichen früheren Messungen wurden mit dieser Anordnung bereits gute Erfahrungen gemacht.
Die Klebung der Dehnungsmeßstreifen auf der Lasche nach Abb. 50 bedingt für die am Kettenbolzen angreifenden Kräfte in waagerechter Richtung eine vermehrte Anzeige infolge Durchbiegung der Kettenlasche, in senkrechter Richtung eine Dämpfung infolge Stoßübertragung Bolzen–Lasche. Die Aufzeichnungen der Dehnungsmeßstreifen gelten speziell nur für die an den Klebestellen herrschenden Dehnungen.
Alle Halbleiter-Dehnungsmeßstreifen sind in der üblichen Weise mit Spezialklebstoff auf das vorher gesäuberte Material aufgeklebt. Auf eine Temperatur-

kompensierung kann verzichtet werden, da überall gleiche Raumtemperatur herrscht.
Die Drehmomentmeßwelle ist am Antrieb zwischen zwei Gummielementkupplungen drehschwingungsarm aufgehängt.

5.4 Versuchsdurchführung

Versuchsprogramm für alle Meßstellen:

a) Ausrüstung des Prüfstandes mit herkömmlichen Kettensternen: Messungen bei $n = 30$, 55 und 80 U/min ohne Abtriebsbelastung.
b) Ausrüstung des Prüfstandes mit neuartigen Kettensternen: Messungen bei $n = 30$, 55, 80, 110, 140 U/min ohne Abtriebsbelastung.

Eine Erhöhung der Drehzahl über 80 U/min ist bei Verwendung herkömmlicher Kettensterne aus Sicherheitsgründen nicht mehr möglich. Messungen mit angekuppeltem Generator zeigen grundsätzlich dieselbe Tendenz wie Leerlaufmessungen; hier werden deshalb keine solchen gezeigt.
Messungen an der Meßstelle A (Kettenglied) werden jeweils an folgenden Orten durchgeführt:

Einlauf des Antriebssternes,
Umlenkung auf dem Antriebsstern,
Auslauf vom Antriebsstern und
geradliniges Lasttrum.

Eichung der Dehnungsmeßstreifen:
Die am Dehnungsmeßstreifen anliegende Spannung U_s ist

$$U_s = \frac{R_s}{R_1 + R_s} U$$

mit U = Batteriespannung,
R_s = Widerstand des Streifens,
R_1 = Übriger Widerstand im Stromkreis.

Die durch die Dehnungen hervorgerufene Widerstandsänderung R_s erzeugt eine Spannungsänderung U_s, welche die Strahlablenkung am Oszillographen bewirkt.
Mit

$$\frac{\Delta U_s}{U_s} = \frac{\Delta R_s}{R_s} = k \cdot \varepsilon$$

ist die Verbindung zwischen Spannung, Widerstand und Dehnung gegeben (vgl. Kap. 5.2). Da die Dehnung in $^0/_{00}$ angegeben wird, ist es zweckmäßig, die Streifenspannung U_s als Bezugswert mit $1000\,^0/_{00}$ anzusetzen. Mit Zahlenwerten wird:

$$U = 24\text{ V};\quad R_s = 127{,}5\text{ Ohm};\quad R_1 = 1380\,\Omega;\quad U_s = 2{,}03\text{ V}$$

$\Delta U_s = 1$ mV (angenommen) entsprechend $0{,}493\,^0/_{00}$ von 2,03 V

$$\varepsilon = \frac{\Delta U_s}{U_s \cdot k} = \frac{0{,}493}{120} = 0{,}0041\,^0/_{00}/1\text{ mV}$$

Bei Einstellung der Vertikalablenkung des Oszillographen auf 1 mV/cm entspricht dies einer Dehnung von 0,0041 ‰/cm.

Eichung der Drehmomentmeßwelle:

Durch die Meßbrücke simulierte Ausschläge der Drehmomentmeßwelle ergeben definierte Vertikalablenkungen des Elektronenstrahles.

Eichung des Schallpegelmeßgerätes:

Die Eichung erfolgt mit Hilfe eines Gerätes, das Töne bestimmten Schalldruckes aussendet.
Die Zentimeterangaben beziehen sich auf die Einteilung des Bildschirmes.

5.5 Versuchsergebnisse und Diskussion

5.5.1 Messung der Dehnungen und des Drehmomentes

GRUPPE I

---

n = 30 U/min entsprechend 0,686 m/s

Messung des Drehmomentes am Antrieb (Meßstelle C).

Messung der Dehnungen an der Spannvorrichtung (Meßstelle B) in einer Richtung.
Messung der Dehnungen am Kettenglied (Meßstelle A) in drei Richtungen:

Aufzeichnung des Einlaufstoßes am Antriebsstern
Aufzeichnung der Umlenkung auf dem Antriebsstern
Aufzeichnung des Auslaufes vom Antriebsstern
Aufzeichnung des geradlinigen Lasttrums

Photos linke Seite:	Photos rechte Seite:
Herkömmlicher Kettentrieb	Neuer Kettentrieb

Einstellungen Drehmomentmessung: Nullinie bei herkömmlichem Kettentrieb 1 cm über Bildschirmmitte, bei neuem Kettentrieb 3 cm über Bildschirmmitte.

Einstellungen Dehnungsmessungen: Spitze–Spitze ohne bezeichnete Nullinie.

Einstellungen an den Oszillographen:

Empfindlichkeit:	Vertikale Ablenkung in V/cm
Zeit:	Horizontale Ablenkung in s/cm
Eichung:	s. Kap. 5.4

Drehmoment (Meßstelle C) bei n = 30 U/min, *Oszillogramme 30–1 und 30–2*

Bei beiden Kettentrieben schwankt das Drehmoment mit der Zahneingriffsfrequenz. Im Fall des herkömmlichen Kettentriebes liegt die Ursache in den Polygoneffekten, beim neuen Kettentrieb werden die Schwankungen durch die umlaufenden Zahnträger verursacht, die vom Kreis abweichende Bahnen be-

Tafel 1

30-1

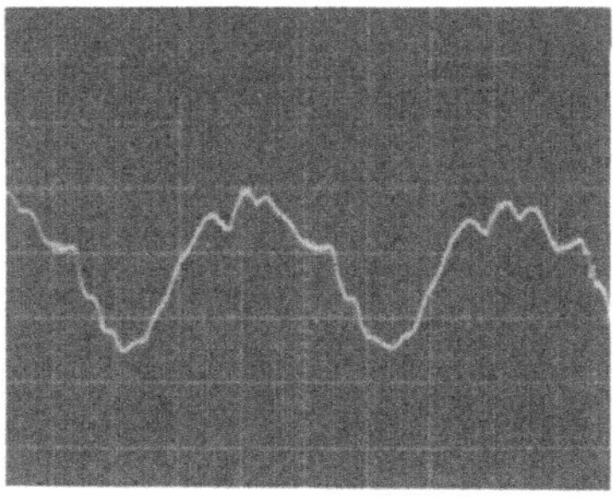

30-2

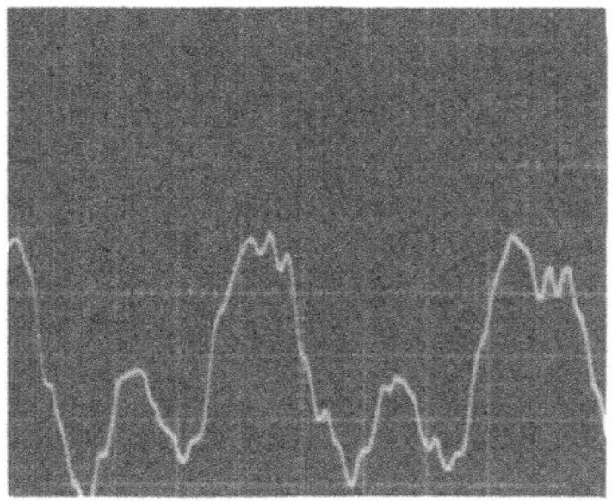

Drehmoment

Empfindlichk. 0,2 V/cm
Zeit: 50 ms/cm
Eichung: 3,2 cm ≙ 10 mkp

30-3

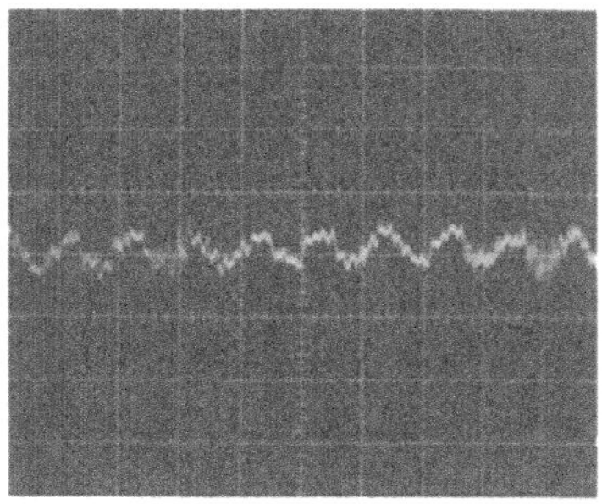

Spannvorrichtung

Empfindlichk. 0,2 mV/cm
Zeit: 20 ms/cm
Eichung:
0,0008 ‰ Dehnung/cm

30-4

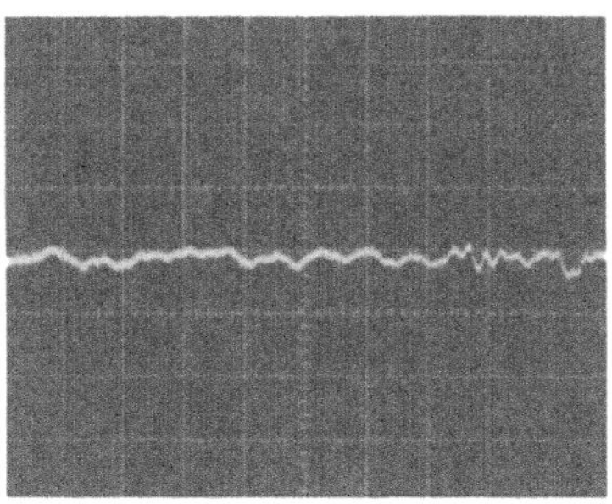

30-5

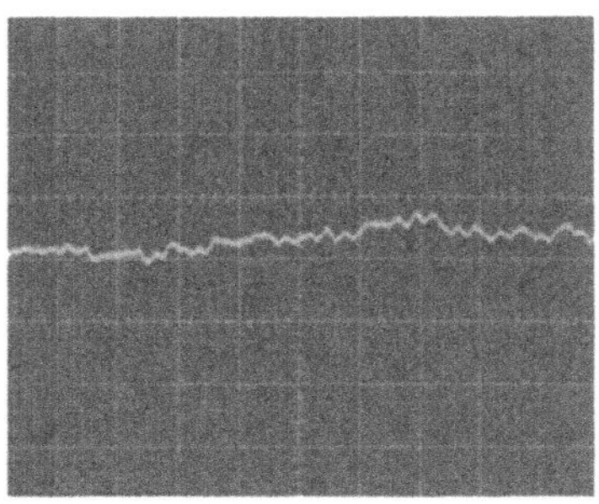

Spannvorrichtung

Empfindlichk. 0,2 mV/cm
Zeit: 1 ms/cm
Eichung: 0,0008 ‰ Dehnung/cm

30-6

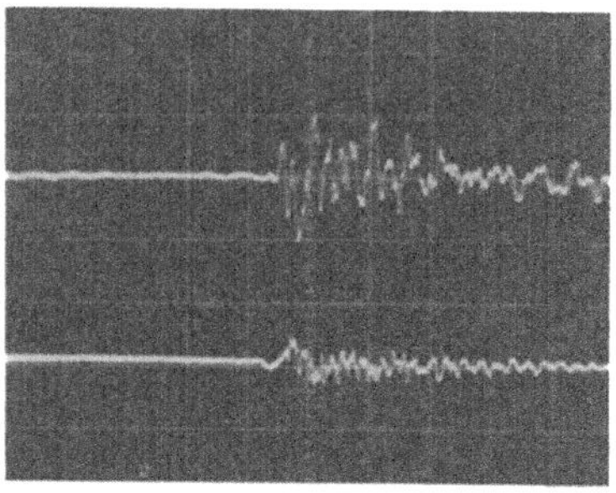

30-7

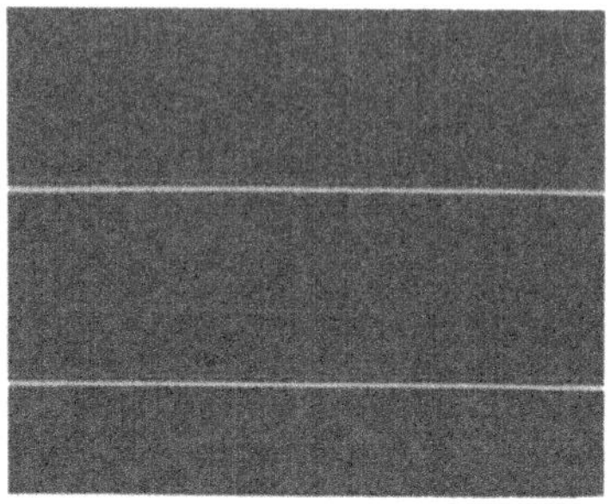

Einlaufstoß
horizontal, vertikal

Empfindlichk. 5 mV/cm; Zeit: 1 ms/cm
Eichung: 0,0205 ‰ Dehnung/cm

30-8

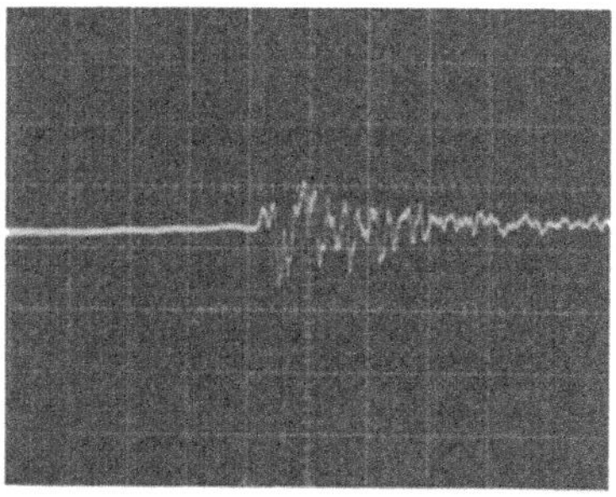

30-9

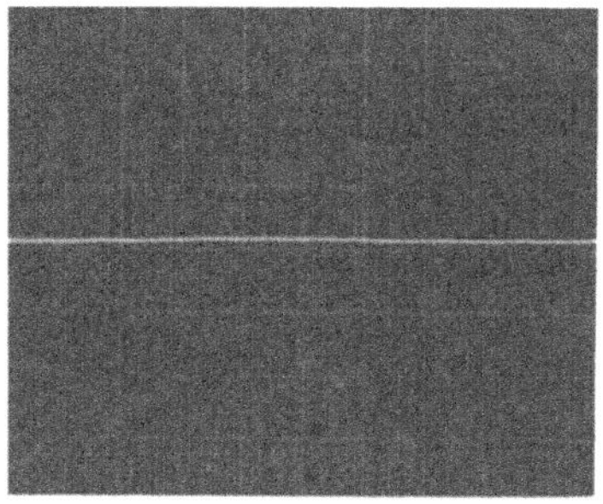

Einlaufstoß
schräg

Empfindlichk. 5 mV/cm; Zeit: 1 ms/cm
Eichung: 0,0205 ‰ Dehnung/cm

30-10

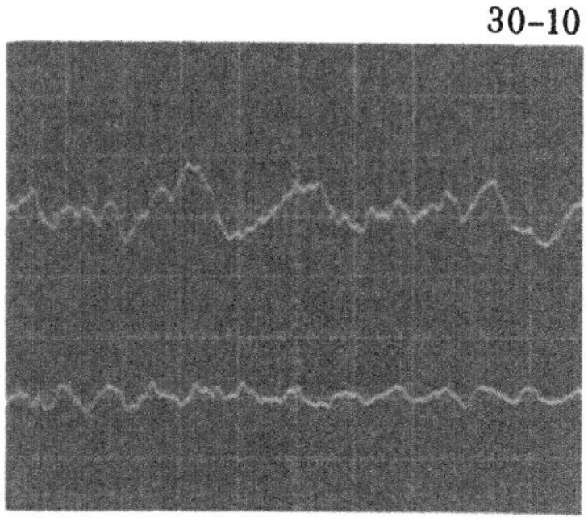

Einlaufstoß
horizontal, vertikal
Dehnung: 5 ×
Empfindlichk. 5 mV/cm
Zeit: 1 ms/cm
Eichung: 0,0205 ‰ Dehnung/cm

30-11

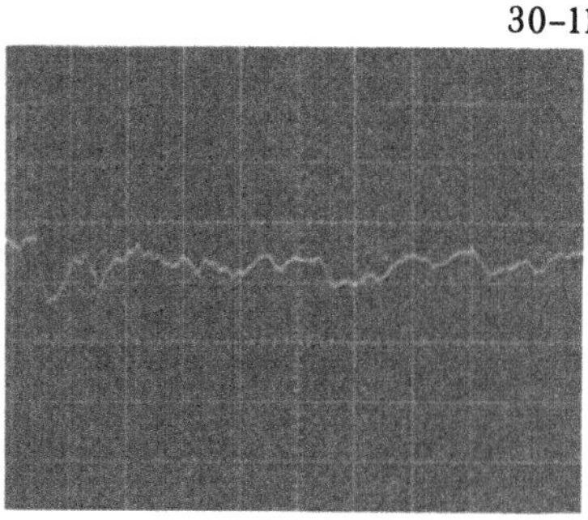

Einlaufstoß
schräg
Dehnung: 5 ×
Empfindlichk. 5 mV/cm
Zeit: 1 ms/cm
Eichung: 0,0205 ‰ Dehnung/cm

Tafel 3

30-12

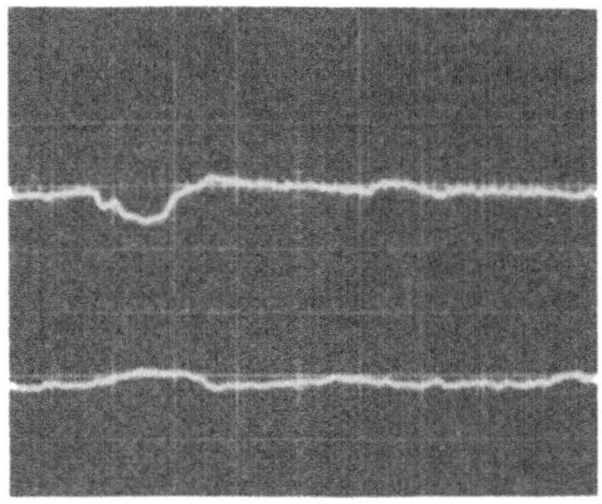

Umlenkung

horizontal, vertikal
Empfindlichk. 5mV/cm
Zeit: 50 ms/cm
Eichung: 0,0205 $^{0}/_{00}$ Dehnung/cm

30-13

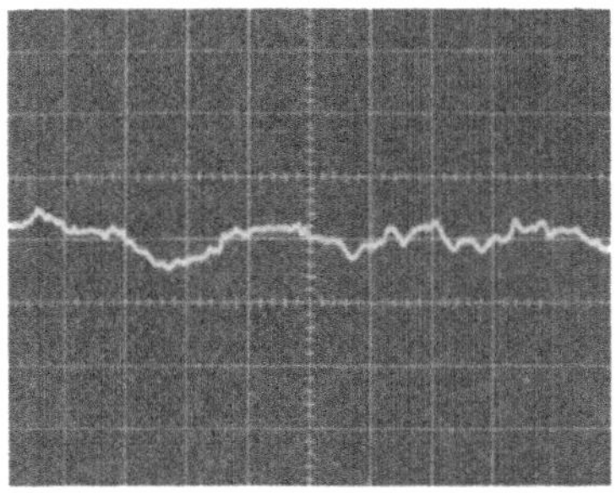

Umlenkung

schräg
Empfindlichk. 5 mV/cm
Zeit: 50 ms/cm
Eichung: 0,0205 $^{0}/_{00}$ Dehnung/cm

30-14

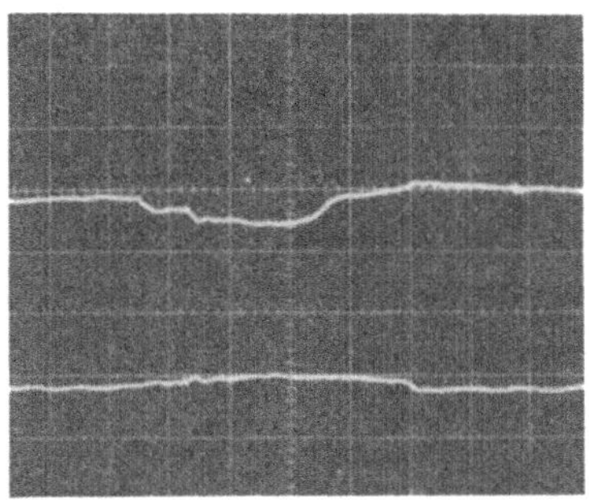

Umlenkung

horizontal, vertikal
Empfindlichk. 5 mV/cm
Zeit: 20 ms/cm
Eichung: 0,0205 $^{0}/_{00}$ Dehnung/cm

30-15

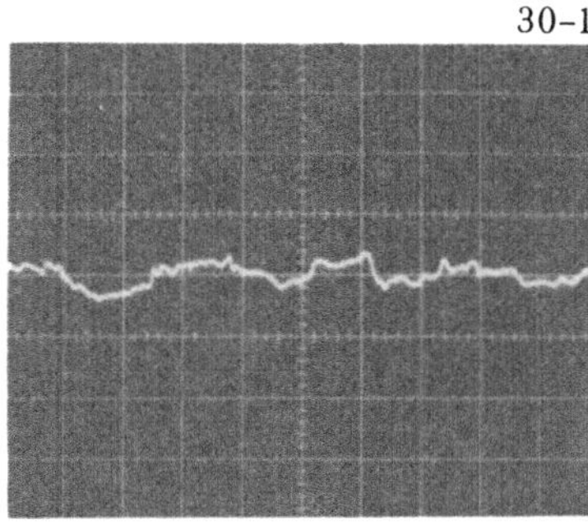

Umlenkung

schräg
Empfindlichk. 5 mV/cm
Zeit: 20 ms/cm
Eichung: 0,0205 $^{0}/_{00}$ Dehnung/cm

Tafel 4

Auslauf

horizontal, vertikal
Empfindlichk. 5 mV/cm
Zeit: 50 ms/cm
Eichung: 0,0205 ‰ Dehnung/cm

30-16

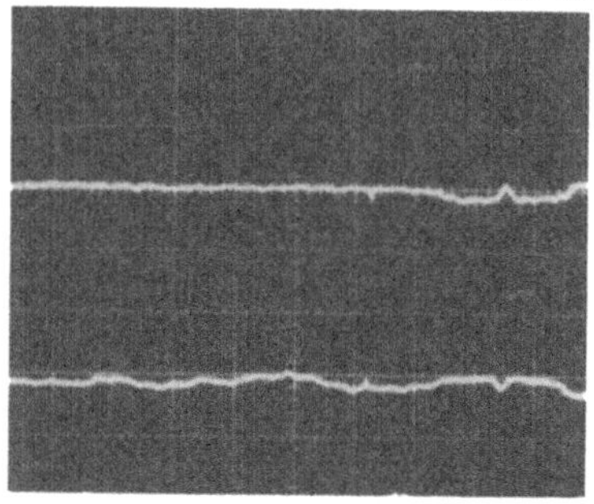

Auslauf

schräg
Empfindlichk. 5 mV/cm
Zeit: 50 ms/cm
Eichung: 0,0205 ‰ Dehnung/cm

30-17

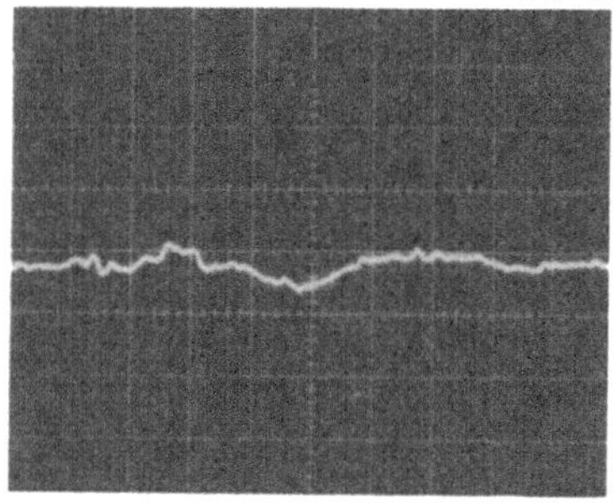

Geradliniges Trum

horizontal, vertikal
Empfindlichk. 1 mV/cm
Zeit: 50 ms/cm
Eichung: 0,0041 ‰ Dehnung/cm

30-18

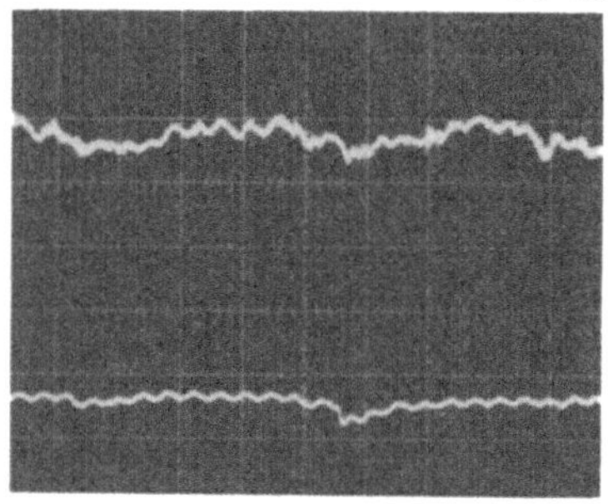

Geradliniges Trum

schräg
Empfindlichk. 1 mV/cm
Zeit: 50 ms/cm
Eichung: 0,0041 ‰ Dehnung/cm

30-19

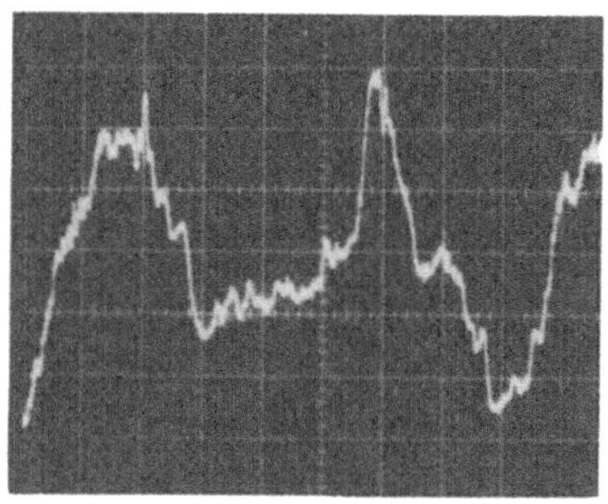

30-20

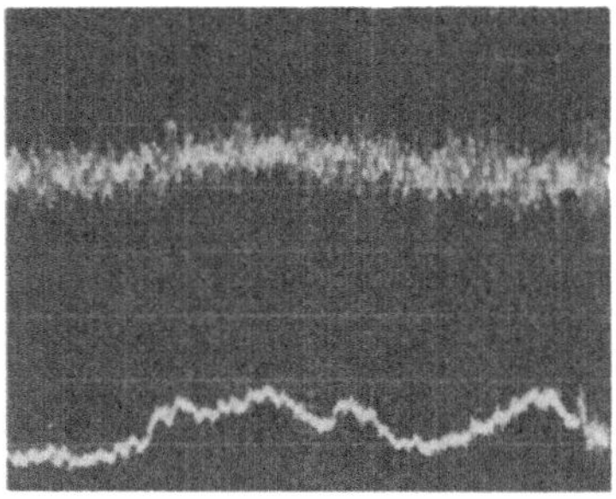

30-21

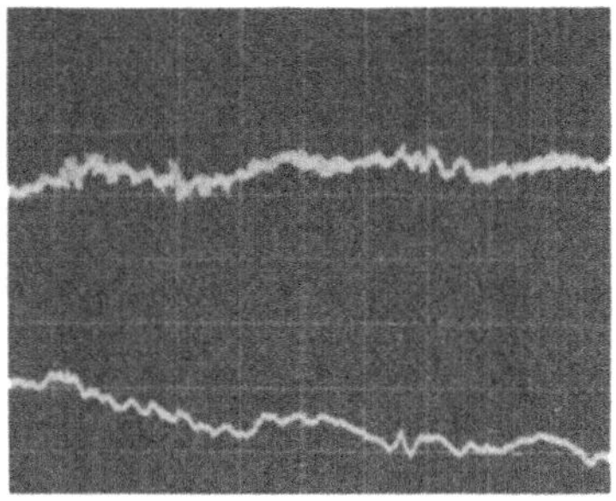

Geradliniges Trum
horizontal, vertikal

Empfindlichk. 1 mV/cm; Zeit: 10 ms/cm
Eichung: $0{,}0041\,^0/_{00}$ Dehnung/cm

30-22

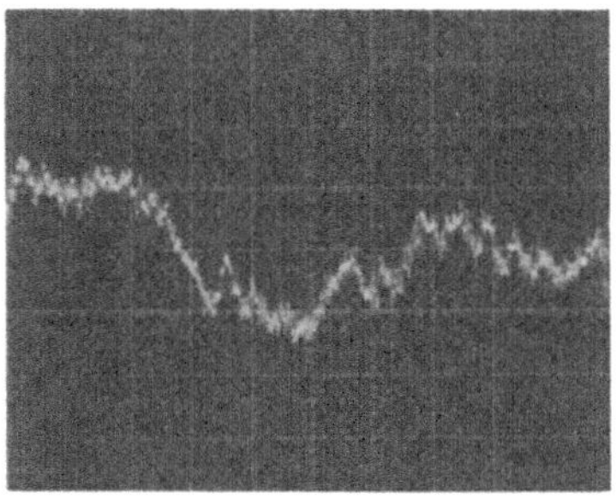

30-23

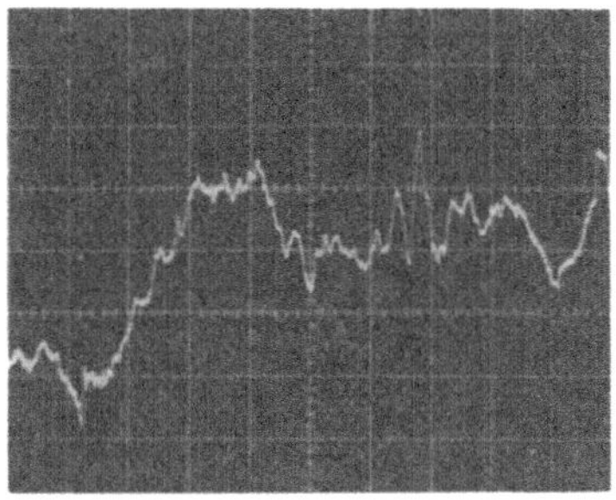

Geradliniges Trum
schräg

Empfindlichk. 1 mV/cm; Zeit: 10 ms/cm
Eichung: $0{,}0041\,^0/_{00}$ Dehnung/cm

30-24

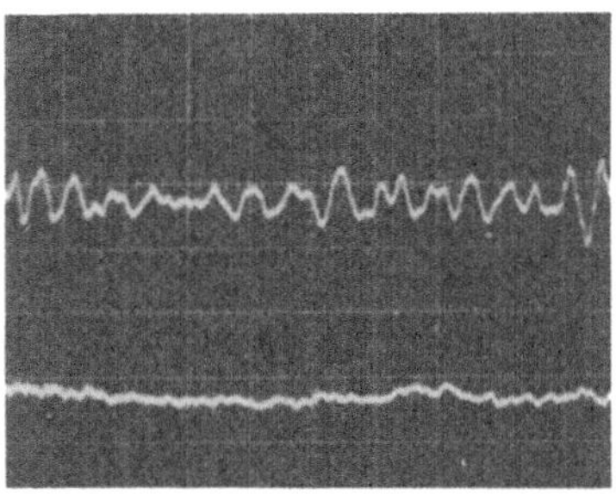

30-25

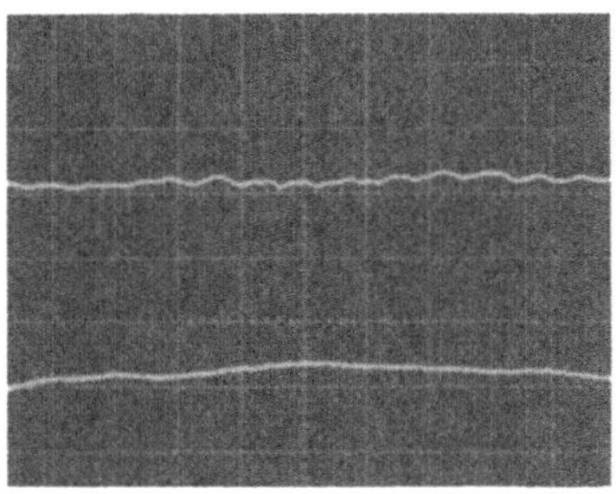

Geradliniges Trum
horizontal, vertikal

Empfindlichk. 1 mV/cm; Zeit: 1 ms/cm
Eichung: $0{,}0041\,^0/_{00}$ Dehnung/cm

30-26

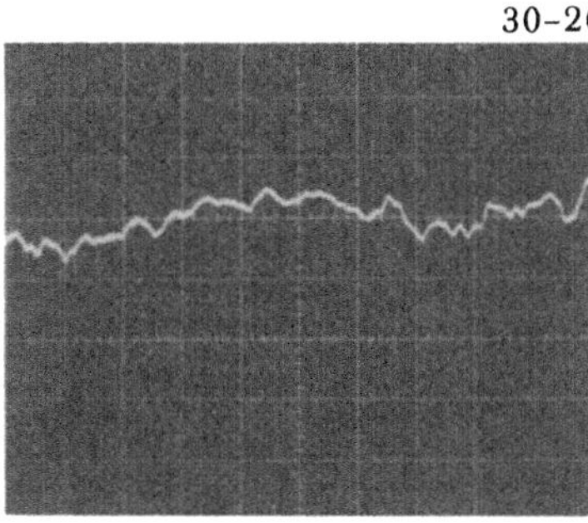

30-27

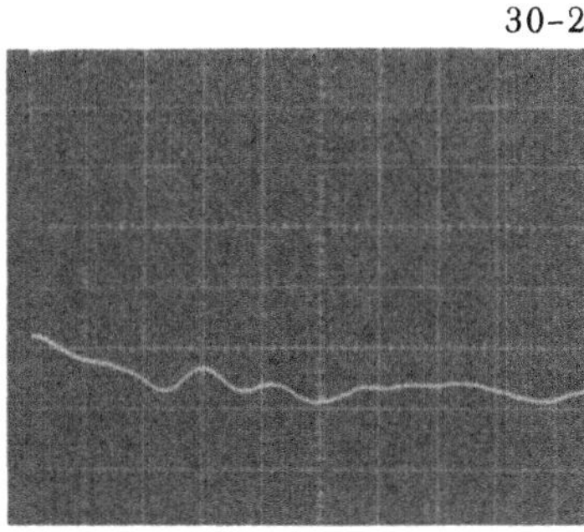

Geradliniges Trum
schräg

Empfindlichk. 1 mV/cm; Zeit: 1 ms/cm
Eichung: $0{,}0041\,^0/_{00}$ Dehnung/cm

schreiben und eine Inkonstanz des Antriebes bewirken. Man erkennt eine Oberschwingung, die auf Vorder- und Hinterachse zurückgeht. Einer Schwankungsbreite von ca. 7,5 mkp und einem mittleren Drehmoment von ca. 5 mkp beim herkömmlichen Kettentrieb stehen Werte von ca. 12 bzw. 16 mkp beim neuen Kettentrieb gegenüber, der infolge seines getriebetechnischen Aufwandes mehr Leistung benötigt. Die größeren Drehschwingungsamplituden sind eine Folge größerer Drehmassen. In Verbindung mit den Gummipuffern der Kupplungen ergeben sich schon bei geringen Geschwindigkeiten Resonanzerscheinungen. Für den neuen Kettentrieb wurden besonders harte Puffer verwendet, die sich in Vorversuchen als günstiger herausgestellt hatten.

Spannvorrichtung (Dehnungsmessung in einer Richtung an Meßstelle B)
bei n = 30 U/min, *Oszillogramme 30–3 bis 30–5*

Der neue Kettentrieb zeigt hier bei 20 ms/cm Zeitablenkung einen rhythmischen und gleichmäßigen Verlauf. Das Schwingungsbild besteht im wesentlichen aus einer 50-Hz-Grund- und einer 500-Hz-Oberschwingung, die durch den Zahnträgerumlauf erzeugt werden. Für den herkömmlichen Kettentrieb konnte keine Schwingung in der Größenordnung um 50 Hz festgestellt werden, weshalb hier die photographische Registrierung entfallen konnte. In der Größenordnung der Oberschwingung des neuen Kettentriebes tritt beim herkömmlichen die Grundschwingung auf. Das Traggerüst des neuen Kettentriebes weist Schwingungen größerer Amplitude auf. Es muß jedoch berücksichtigt werden, daß diese Messungen bei sehr großer Empfindlichkeit durchgeführt wurden. Für den praktischen Betrieb spielen diese Schwingungen keine Rolle.

Einlaufstoß (Dehnungsmessungen in drei Richtungen am Kettenglied, Meßstelle A)
bei n = 30 U/min, *Oszillogramme 30–6 bis 30–11*

Das Auftreffen des Kettenbolzens bzw. der Kettenrolle auf den Zahn des Kettenrades ist beim herkömmlichen Kettentrieb in allen drei Richtungen deutlich sichtbar. Es entsteht ein Schwingungsgemisch mit relativ großen Amplituden, das sich aus dem Stoß selbst und den Nachschwingungen zusammensetzt und an dem die Intensität der Wirkung der Einlaufstöße an der Meßstelle abgelesen werden kann. Die Meßstelle ist nicht die Stelle größter Stoßwirkung. Diese liegt direkt an der Berührungsstelle zwischen Kettenrolle und Zahn. Das Spiel zwischen Kettenrolle und Buchse sowie die Übertragung zwischen Buchse und Lasche dämpfen bereits die Meßergebnisse. Der Grund für die geringere Amplitudengröße der Vertikaldehnung besteht darin, daß hier im Gegensatz zu den anderen Meßrichtungen kein Anteil infolge Laschenbiegung auftritt. Die Oszillogramme 30–10 und 11 sind 5fach gedehnt, zeigen also einen beliebigen Ausschnitt mit 0,2 ms/cm, der Aufschluß über die Art der Schwingung im einzelnen gibt. Die Grundfrequenz liegt bei ca. 5000 Hz.
Demgegenüber ist beim neuen Kettentrieb kein Stoß erkennbar, so daß eine stoßfreie Ineinanderführung von Kette und Zahnträger vorliegt.

Umlenkung (Dehnungsmessungen in drei Richtungen am Kettenglied, Meßstelle A) bei n = 30 U/min, *Oszillogramme 30–12 bis 30–15*

Die Umlenkung auf dem Antriebsstern des herkömmlichen Kettentriebes zeigt das bereits in den Oszillogrammen 30–6 und 8 wiedergegebene Schwingungsbild, das mit der Zahneingriffsfrequenz an- und abschwillt und im wesentlichen durch die Stöße hervorgerufen wird.

Für den neuen Kettentrieb ist in den Oszillogrammen 30–12 und 13 eine Kettenlaufstrecke von 342 mm, in den Oszillogrammen 30–14 und 15 eine solche von 137 mm dargestellt, beide beginnend mit demselben Auslösepunkt. Man erkennt besonders in der Horizontalmessung eine Ausbuchtung, die durch eine Laschenlängung auf der Übergangskurve verursacht wird. Der Grund hierfür dürfte in dem sehr schwierigen Ausrichten der Getriebeteile bei der Montage liegen. Die Laschenlängung erfolgt auf der Umlenkung im Bereich der Übergangskurve, weshalb der Kettenlauf im geradlinigen Trum nicht beeinflußt wird. Weiterhin scheidet auch eine indirekte Beeinflussung durch Schwingungen des Antriebssternes aus, da die Längung allmählich erfolgt. Die Umlenkung der Kettenglieder zeigt sonst keine Besonderheiten. Wegen der an seiner Klebestelle stattfindenden größeren Beanspruchung zeigt die Messung unter 45° die größten Ausschläge.

Auslauf (Dehnungsmessungen in drei Richtungen am Kettenglied, Meßstelle A) bei n = 30 U/min, *Oszillogramme 30–16 bis 30–19*

Das Oszillogramm des Auslaufes zeigt mit der Zeitablenkung von 50 ms/cm einen Teil der Umlenkung, den Auslauf und einen Teil des geradlinigen Leertrums des neuen Kettentriebes. Ein Umlenkeffekt ist nicht zu erkennen. Die beiden geringfügigen Spitzen im horizontalen und vertikalen Oszillogramm entstehen erst nach Auflaufen auf die Schiene und sind allgemeine, nicht näher bestimmbare Unregelmäßigkeiten im geradlinigen Trum. Der gegenüber dem Einlauf etwas unruhigere Lauf ist auf die beim Auslauf schwierigere Einrichtung der Schiene zurückzuführen.

Für den herkömmlichen Kettentrieb kann aus dem durch Stöße beeinflußten verworrenen Schwingungsbild nichts herausgelesen werden.

Geradliniges Trum (Dehnungsmessungen in drei Richtungen am Kettenglied, Meßstelle A) bei n = 30 U/min, *Oszillogramme 30–20 bis 30–27*

Alle Oszillogramme geben einen Ausschnitt des geradlinigen Lasttrums wieder. Der neue Kettentrieb wurde bei 50, 10 und 1 ms/cm Zeitablenkung gemessen, der herkömmliche bei 10 und 1 ms/cm. Eine Stauchung der x-Achse im letzteren Fall bis auf 50 ms/cm ist wegen der hier beteiligten hochfrequenten Schwingungen wenig sinnvoll. Die von den Stößen herrührenden und durch die Schiene übertragenen hochfrequenten Schwingungen des herkömmlichen Kettentriebes fehlen beim neuen Kettentrieb, wie die Oszillogramme 30–20 bis 27 zeigen. Horizontal- und Vertikaldehnung verlaufen sehr ruhig, die Dehnung unter 45° zeigt dagegen sehr große Ausschläge, die diejenigen des herkömmlichen Kettentriebes übertreffen. Ursache hierfür sind die durch den Zahnträgerumlauf bewirkten Drehschwingungen des Antriebes, die sich im geradlinigen Trum fortpflanzen. Drehmoment- und Dehnungsverlauf im geradlinigen Trum zeigen Ähnlichkeit. Die größeren Ausschläge der Dehnung unter 45° schließlich gehen wieder auf die exponierte Lage der Klebestelle dieses Streifens zurück.

GRUPPE II

$n = 55$ U/min entsprechend 1,26 m/s

Messung des Drehmomentes am Antrieb (Meßstelle C).

Messung der Dehnungen an der Spannvorrichtung (Meßstelle B) in einer Richtung.

Messung der Dehnungen am Kettenglied (Meßstelle A) in drei Richtungen:

Aufzeichnung des Einlaufstoßes am Antriebsstern
Aufzeichnung der Umlenkung auf dem Antriebsstern
Aufzeichnung des Auslaufes vom Antriebsstern
Aufzeichnung des geradlinigen Lasttrums

Photos linke Seite:	Photos rechte Seite:
Herkömmlicher Kettentrieb	Neuer Kettentrieb

Einstellungen Drehmomentmessung: Nullinie bei herkömmlichem Kettentrieb 1 cm über Bildschirmmitte, bei neuem Kettentrieb 3 cm über Bildschirmmitte.
Einstellungen Dehnungsmessungen: Spitze–Spitze ohne bezeichnete Nullinie.
Einstellungen am Oszillographen:

Empfindlichkeit:	Vertikale Ablenkung in V/cm
Zeit:	Horizontale Ablenkung in s/cm
Eichung:	s. unter 5.4

Drehmoment bei $n = 55$ U/min, Oszillogramme 55–1 und 55–2

Bei gleichem Schwingungsbild verringern sich die Drehmomentschwankungen des herkömmlichen Kettentriebes auf ca. 6,5 mkp, während das mittlere Drehmoment mit 5 mkp gleich bleibt. Das bedeutet, daß bei 30 U/min Resonanzerscheinungen vorgelegen haben müssen.
Das Drehmoment des neuen Kettentriebes zeigt sehr starke Ausschläge, die eine Schwankungsbreite von ca. 19 mkp aufweisen. Gleichzeitig sinkt das mittlere Drehmoment auf ca. 13 mkp ab. Hier liegt ebenfalls eine Resonanzstelle. Das Schwingungsbild ist verändert; Vorder- und Hinterachse sind nicht mehr deutlich trennbar. Eine der beiden Achsen ist an den Oberschwingungen des aufsteigenden Astes erkennbar.

Tafel 6

55-1

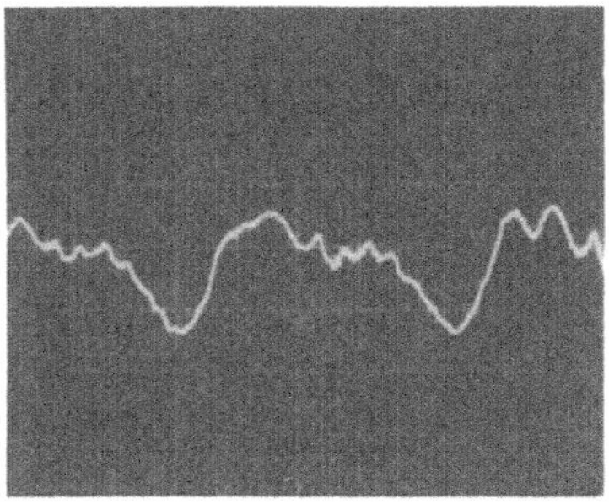

55-2

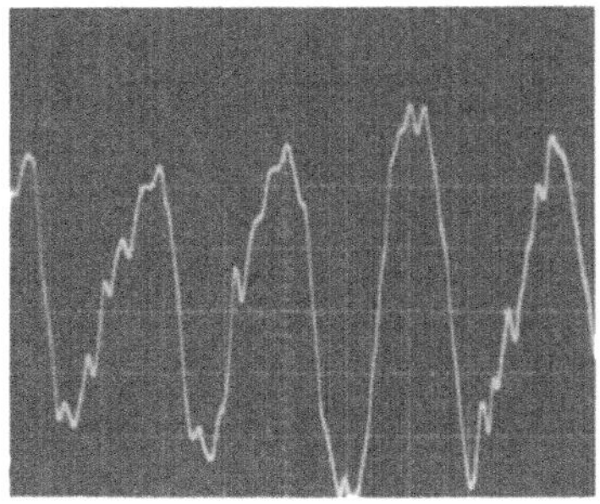

Drehmoment

Empfindlichkeit: 0,2 V/cm
Zeit: 50 ms/cm
Eichung: 3,2 cm ≙ 10 mkp

55-3

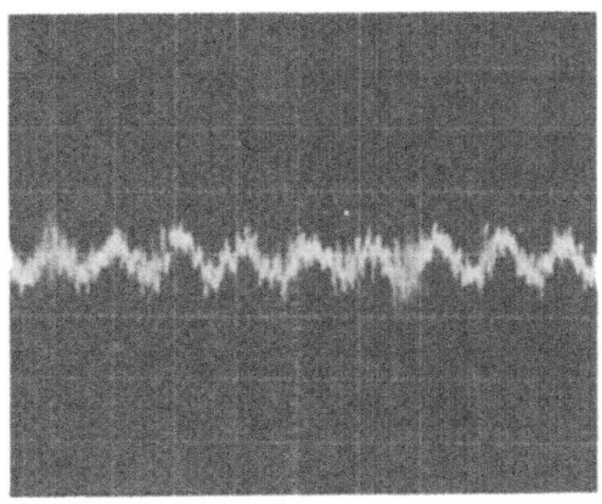

Spannvorrichtung

Empfindlichkeit: 0,2 mV/cm
Zeit: 20 ms/cm
Eichung: 0,0008 ‰ Dehnung/cm

55-4

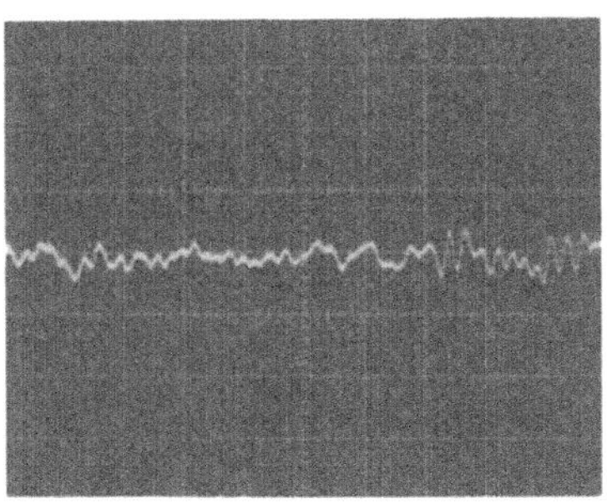

55-5

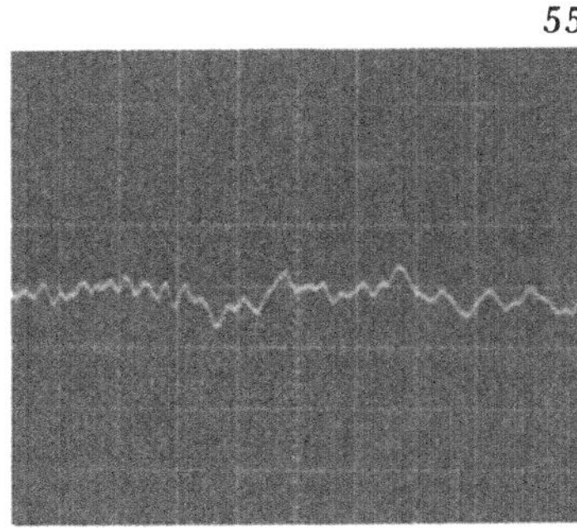

Spannvorrichtung

Empfindlichk. 0,2 mV/cm
Zeit: 1 ms/cm
Eichung: 0,0008 ‰ Dehnung/cm

Tafel 7

55-6

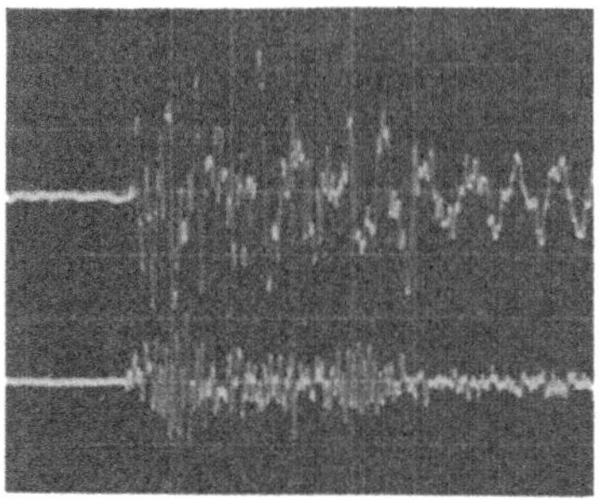

55-7

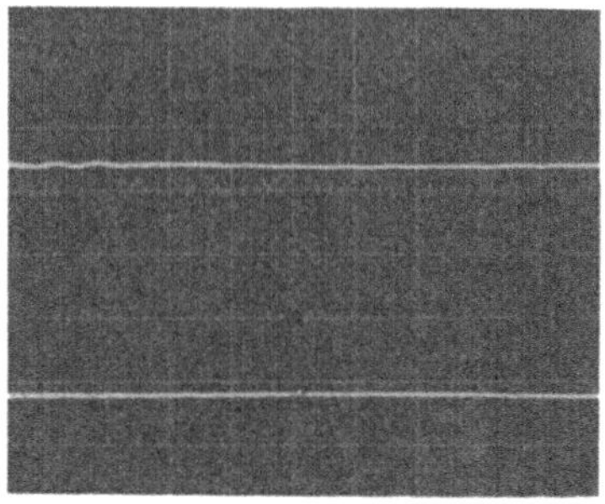

Einlaufstoß
horizontal, vertikal

Empfindlichk. 5 mV/cm; Zeit: 1 ms/cm
Eichung: 0,0205 $^{0}/_{00}$ Dehnung/cm

55-8

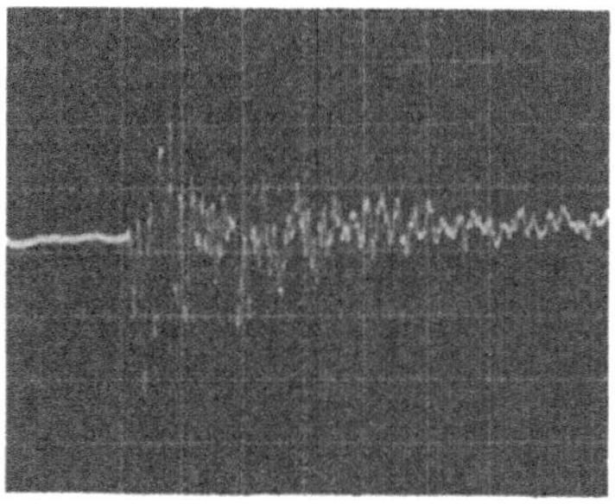

55-9

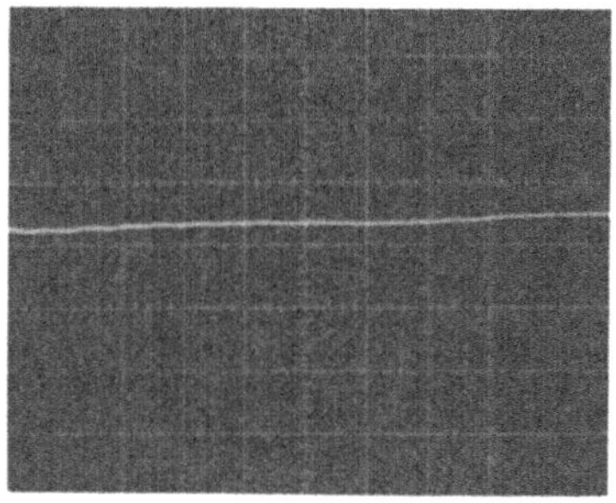

Einlaufstoß
schräg

Empfindlichk. 5 mV/cm; Zeit: 1 ms/cm
Eichung: 0,0205 $^{0}/_{00}$ Dehnung/cm

55-10

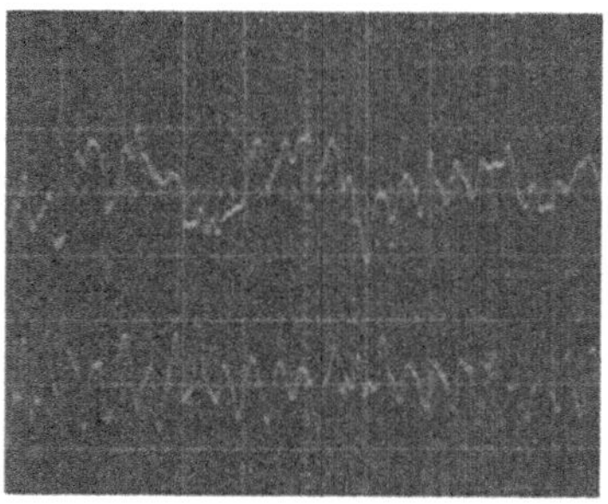

Einlaufstoß

horizontal, vertikal
Dehnung: 5 ×
Empfindlichk. 5 mV/cm
Zeit: 1 ms/cm
Eichung: 0,0205 $^{0}/_{00}$ Dehnung/cm

55-11

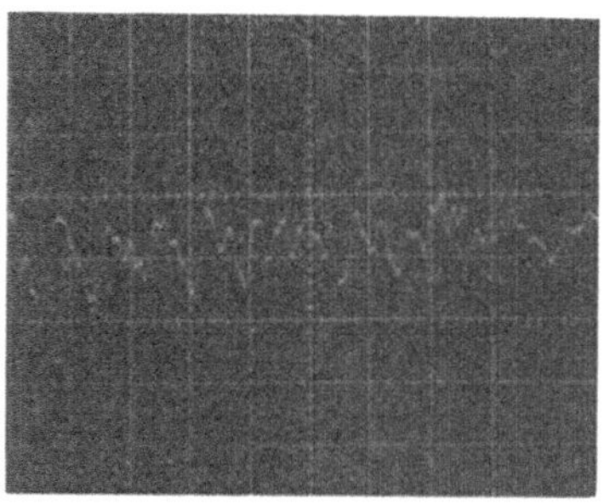

Einlaufstoß

schräg
Dehnung: 5 ×
Empfindlichk. 5 mV/cm
Zeit: 1 ms/cm
Eichung: 0,0205 $^{0}/_{00}$ Dehnung/cm

Tafel 8

Umlenkung

horizontal, vertikal
Empfindlichk. 5 mV/cm
Zeit: 50 ms/cm
Eichung: 0,0205 ‰ Dehnung/cm

55-12

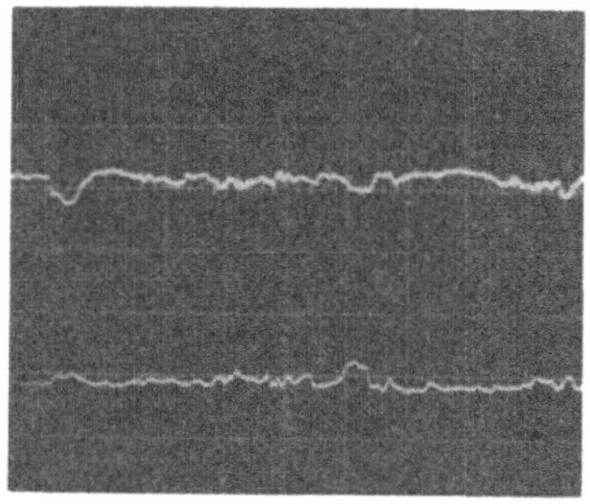

Umlenkung

schräg
Empfindlichk. 5 mV/cm
Zeit: 50 ms/cm
Eichung: 0,0205 ‰ Dehnung/cm

55-13

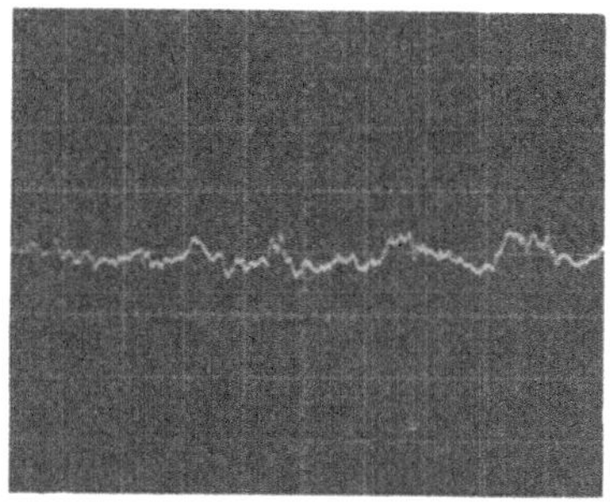

Umlenkung

horizontal, vertikal
Empfindlichk. 5 mV/cm
Zeit: 20 ms/cm
Eichung: 0,0205 ‰ Dehnung/cm

55-14

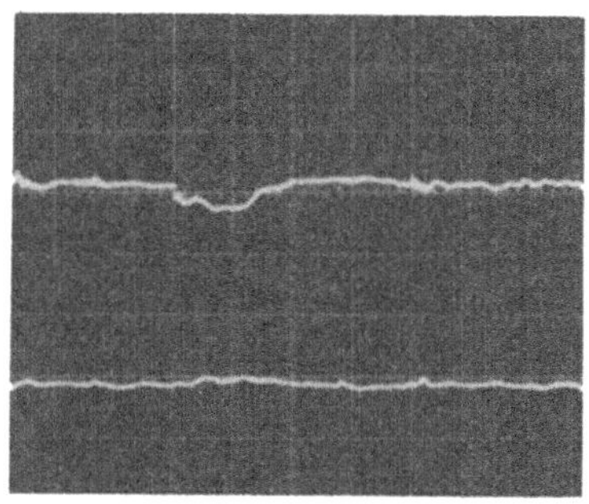

Umlenkung

schräg
Empfindlichk. 5 mV/cm
Zeit: 20 ms/cm
Eichung: 0,0205 ‰ Dehnung/cm

55-15

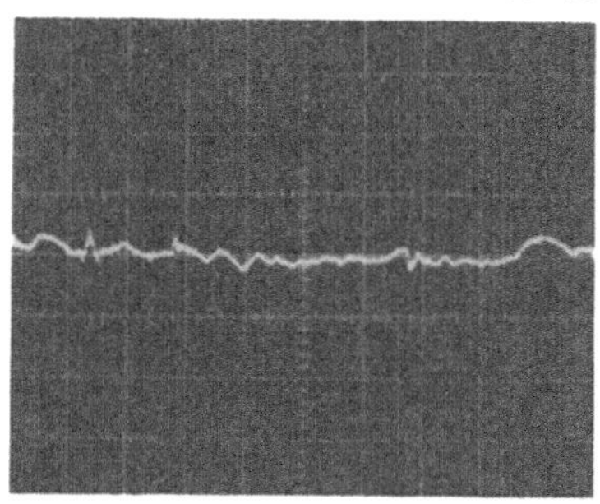

55-16

Auslauf

horizontal, vertikal
Empfindlichk. 5 mV/cm
Zeit: 50 ms/cm
Eichung: 0,0205 ‰ Dehnung/cm

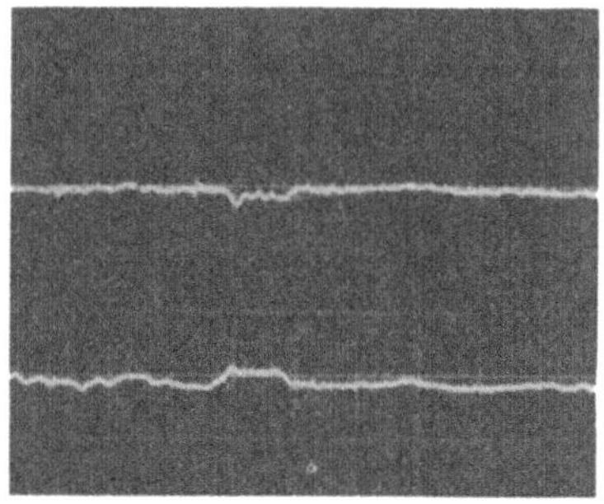

55-17

Auslauf

schräg
Empfindlichk. 5 mV/cm
Zeit: 50 ms/cm
Eichung: 0,0205 ‰ Dehnung/cm

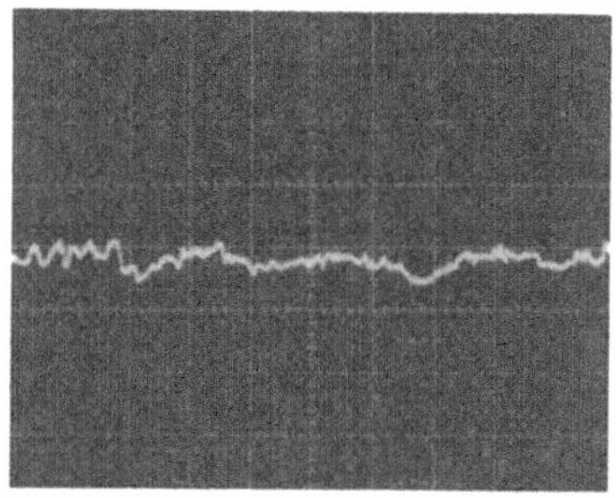

55-18

Geradliniges Trum

horizontal, vertikal
Empfindlichk. 1 mV/cm
Zeit: 50 ms/cm
Eichung: 0,0041 ‰ Dehnung/cm

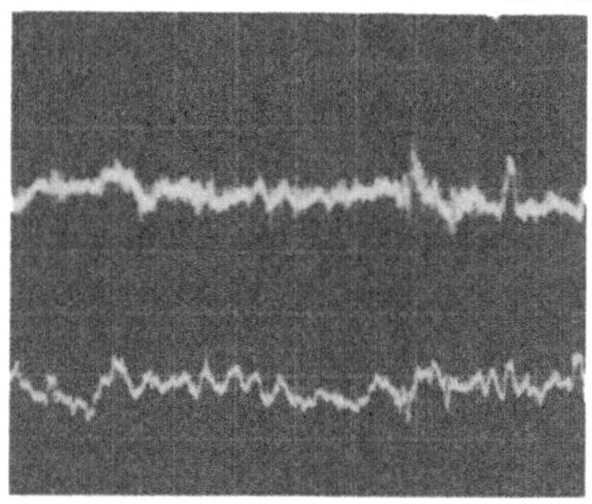

55-19

Geradliniges Trum

schräg
Empfindlichk. 1 mV/cm
Zeit: 50 ms/cm
Eichung: 0,0041 ‰ Dehnung/cm

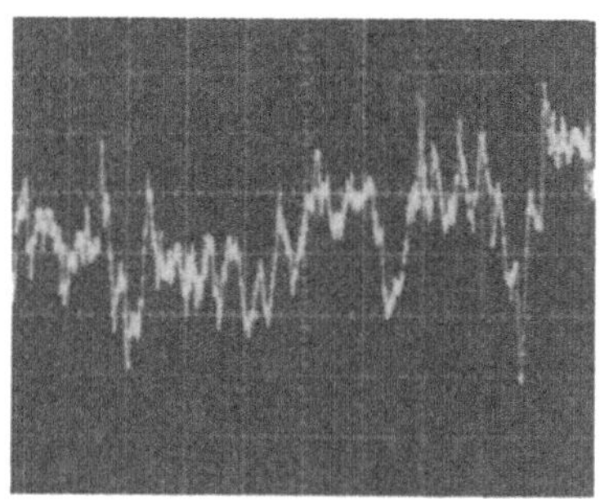

55-20

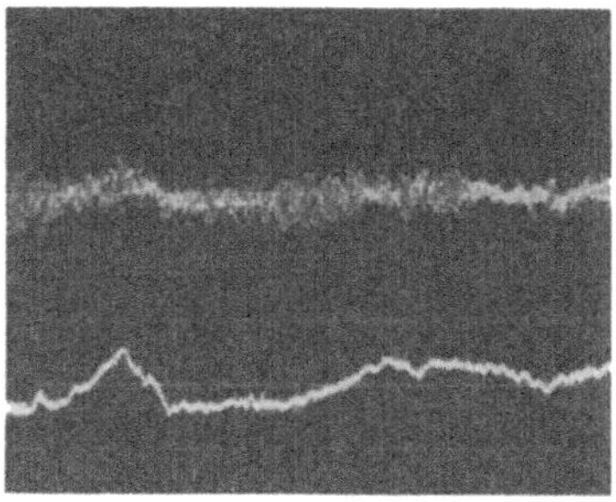

55-21

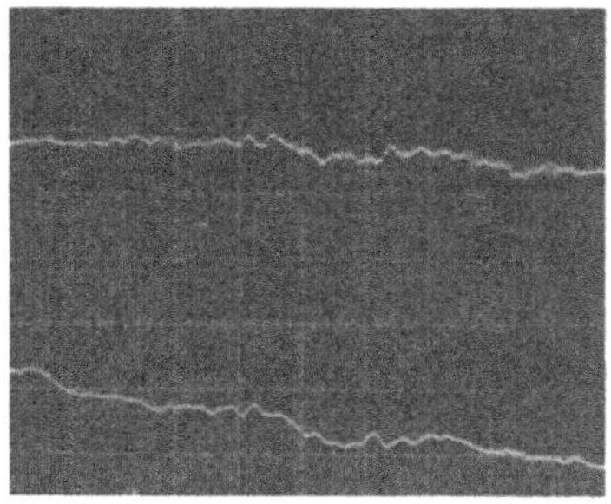

Geradliniges Trum horizontal, vertikal — Empfindlichk. 1 mV/cm; Zeit: 10 ms/cm
Eichung: 0,0041‰ Dehnung/cm

55-22

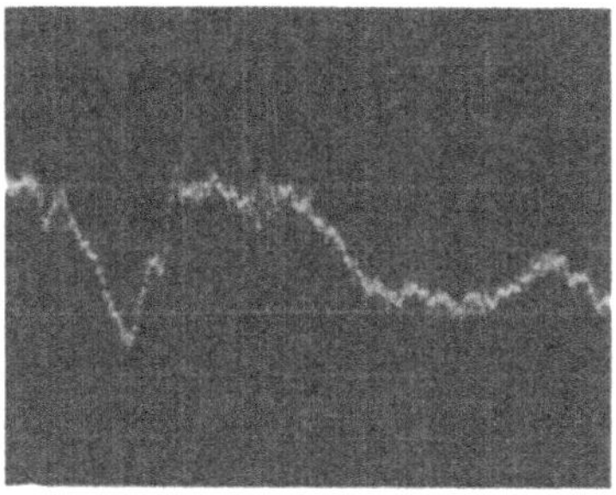

55-23

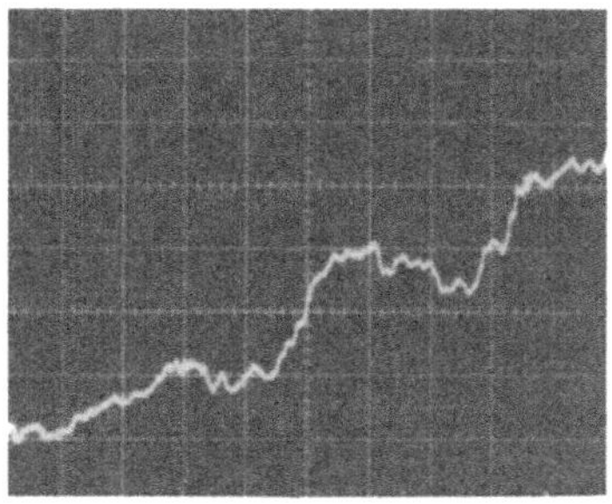

Geradliniges Trum schräg — Empfindlichk. 1 mV/cm; Zeit: 10 ms/cm
Eichung: 0,0041‰ Dehnung/cm

55-24

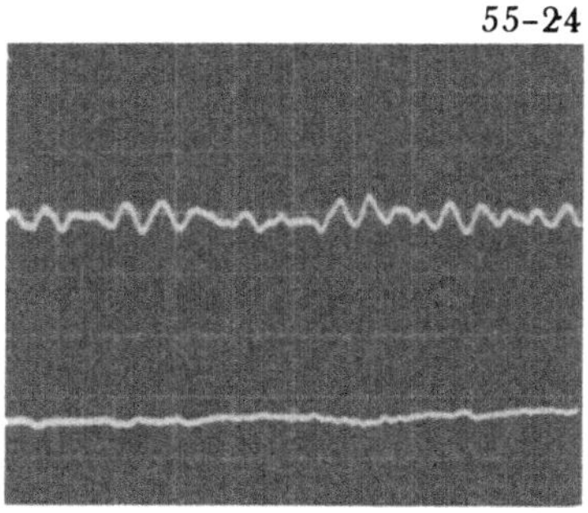

55-25

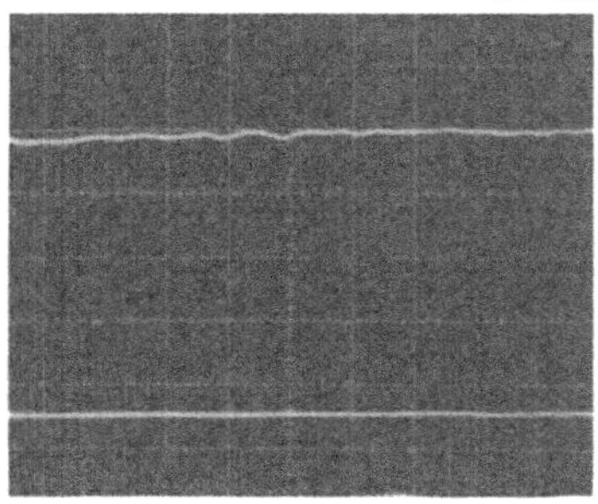

Geradliniges Trum horizontal, vertikal — Empfindlichk. 1 mV/cm; Zeit: 1 ms/cm
Eichung: 0,0041‰ Dehnung/cm

55-26

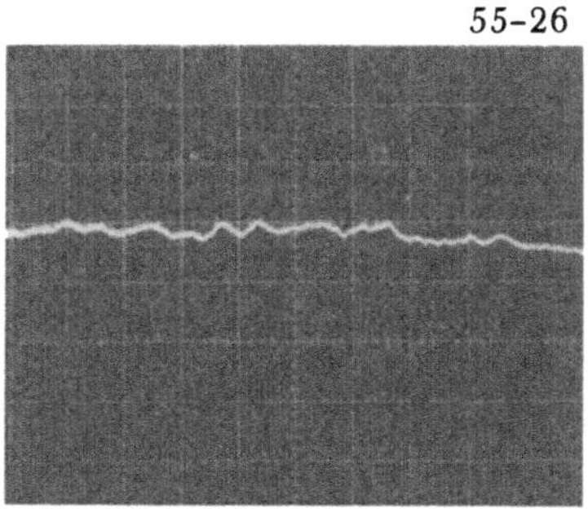

55-27

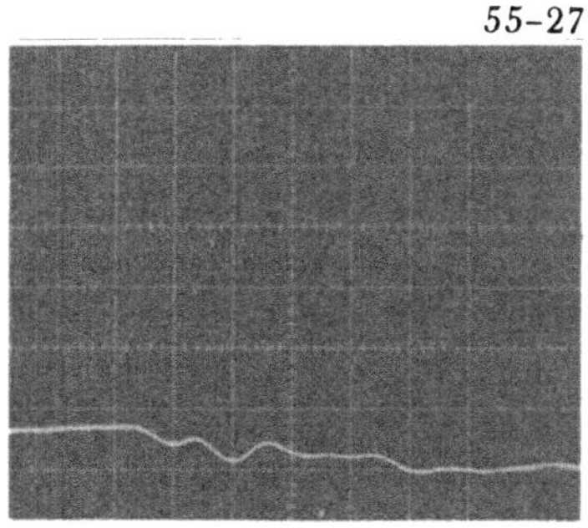

Geradliniges Trum schräg — Empfindlichk. 1 mV/cm; Zeit: 1 ms/cm
Eichung: 0,0041‰ Dehnung/cm

Spannvorrichtung bei n = 55 U/min, *Oszillogramme 55–3 bis 55–5*

Die Oszillogramme der Spannvorrichtung zeigen nun bei beiden Kettentrieben kurzwelligere Schwingungen. Die Grundschwingung des neuen Kettentriebes bleibt. Die Oberschwingung ist wiederum gleich der Grundschwingung des herkömmlichen Kettentriebes.

Einlaufstoß bei n = 55 U/min, *Oszillogramme 55–6 bis 55–11*

Der Einlaufstoß am herkömmlichen Kettentrieb wird stärker. Die Schreibgeschwindigkeit des Elektronenstrahles ist bereits so schnell, daß die Kamera auch bei höchster Intensitätsstufe die Aufzeichnungen nur noch undeutlich wahrnimmt. Diese Erscheinung verstärkt sich natürlich bei 5facher Dehnung der Zeitablenkung. Die Grundfrequenz liegt zwischen 5 und 15 kHz mit deutlichen Oberschwingungen bis 30 kHz. Die Vertikaldehnung zeigt auch hier geringere Amplitudengröße. Das Schwingungsbild bleibt bestehen. Der neue Kettentrieb weist dagegen keinen Stoß auf.

Umlenkung bei n = 55 U/min, *Oszillogramme 55–12 bis 55–15*

Die Oszillogramme 55–12 und 13 zeigen einen Ausschnitt der Umlenkung auf dem Antriebsstern von 630 mm, die Oszillogramme 55–14 und 15 einen solchen von 252 mm. Auch hier ist die Einbuchtung infolge Laschenlängung noch deutlich zu erkennen. Wegen der höheren Geschwindigkeit ist sie jedoch weniger ausgedehnt. Das gesamte Schwingungsbild wird geringfügig unruhiger.

Auslauf bei n = 55 U/min, *Oszillogramme 55–16 bis 55–19*

Die Oszillogramme 55–16 und 17 enthalten etwa in der Mitte den Auslauf. Da an dieser Stelle kein Umlenkstoß festzustellen ist, kann der Berührungspunkt von Kettenrolle und Schiene nicht exakt ausgemacht werden.

Geradliniges Trum bei n = 55 U/min, *Oszillogramme 55–20 bis 55–27*

Der neue Kettentrieb weist keine hochfrequenten Schwingungen auf. Gegenüber geringeren Drehzahlen hat sich das Schwingungsbild des 45°-Streifens geändert. An die Stelle eines großen, breit ausladenden Schwingungsverlaufes ist ein gedrängterer und härterer mit kleineren Ausschlägen getreten, der keine Ähnlichkeit mit dem Drehmoment besitzt. Während bei 30 U/min für das geradlinige Trum eine Resonanzstelle vorliegt, ist dies für das Drehmoment bei 55 U/min der Fall.

GRUPPE III

n = 80 U/min entsprechend 1,83 m/s

Messung des Drehmomentes am Antrieb (Meßstelle C).

Messung der Dehnungen an der Spannvorrichtung (Meßstelle B) in einer Richtung.

Messung der Dehnungen am Kettenglied (Meßstelle A) in drei Richtungen:

Aufzeichnung des Einlaufstoßes am Antriebsstern
Aufzeichnung der Umlenkung auf dem Antriebsstern
Aufzeichnung des Auslaufes vom Antriebsstern
Aufzeichnung des geradlinigen Lasttrums

Photos linke Seite:	Photos rechte Seite:
Herkömmlicher Kettentrieb	Neuer Kettentrieb

Einstellung Drehmomentmessung: Nullinie bei herkömmlichem Kettentrieb 1 cm über Bildschirmmitte, bei neuem Kettentrieb 3 cm über Bildschirmmitte.

Einstellungen Dehnungsmessungen: Spitze–Spitze ohne bezeichnete Nullinie.

Einstellungen an den Oszillographen:

Empfindlichkeit:	Vertikale Ablenkung in V/cm
Zeit:	Horizontale Ablenkung in s/cm
Eichung:	s. unter 5.4

Drehmoment bei n = 80 U/min, *Oszillogramme 80–1 und 80–2*

Bei dieser Drehzahl verringert sich die Schwankungsbreite des Drehmomentverlaufes beim herkömmlichen Kettentrieb auf ca. 4 mkp, während das mittlere Drehmoment mit ca. 5 mkp wiederum gleich bleibt. Es ergibt sich eine mit der Zahneingriffsfrequenz wechselnde gleichmäßige Drehschwingung.
Das Schwingungsbild des neuen Kettentriebes wird dagegen ungleichmäßiger. Die resonanzbedingten Ausschläge bei 55 U/min nehmen von ca. 19 auf 12 mkp ab, das mittlere Drehmoment steigt geringfügig auf 14 mkp an.

Spannvorrichtung bei n = 80 U/min, *Oszillogramme 80–3 bis 80–5*

Während beim neuen Kettentrieb die 50-Hz-Grundschwingung bestehen bleibt, nimmt beim herkömmlichen Kettentrieb die Heftigkeit der Schwingungen stärker zu, so daß die Oberschwingungen des neuen Kettentriebes nicht mehr gleich der Grundschwingung des herkömmlichen sind.

Einlaufstoß bei n = 80 U/min, *Oszillogramme 80–6 bis 80–11*

Der Einlaufstoß beim herkömmlichen Kettentrieb nimmt weiter an Intensität zu, so daß die Empfindlichkeit um die Hälfte auf 10 mV/cm verringert werden muß. Die Frequenzen bleiben erhalten, ebenso das Schwingungsbild.

Umlenkung und Auslauf bei n = 80 U/min, *Osz. 80–12 bis 80–15 und 80–16 bis 80–19*

Die Oszillogramme 80–12 und 13 geben eine Kettenlaufstrecke von 915 mm wieder, die auf der Umlenkung im Einlaufbereich beginnt und im unteren geradlinigen Trum endet, so daß der Auslauf hier bereits mit erfaßt wird. Trotz der recht hohen Geschwindigkeit, die für den normalen Kettentrieb eine aus Verschleiß- und Sicherheitsgründen nicht überschreitbare Grenze darstellt, erfolgen

80-1

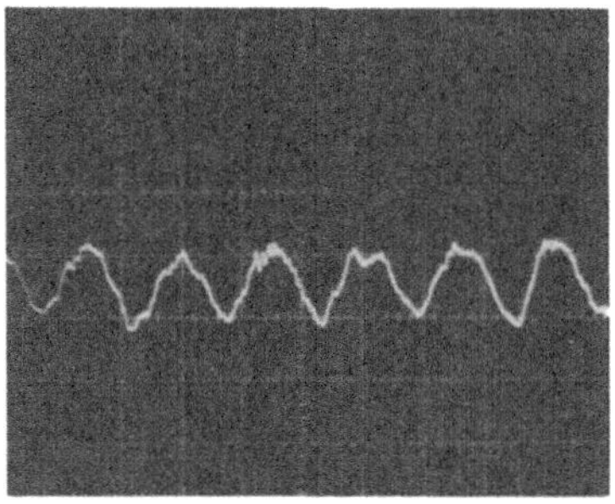

80-2

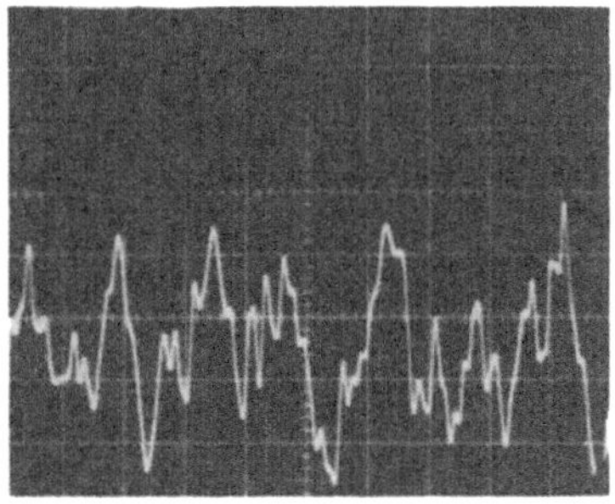

Drehmoment

Empfindlichk. 0,2 V/cm
Zeit: 50 ms/cm
Eichung: 3,2 cm ≙ 10 mkp

80-3

Spannvorrichtung

Empfindlichk. 0,2 mV/cm
Zeit: 20 ms/cm
Eichung: 0,0008 ‰ Dehnung/cm

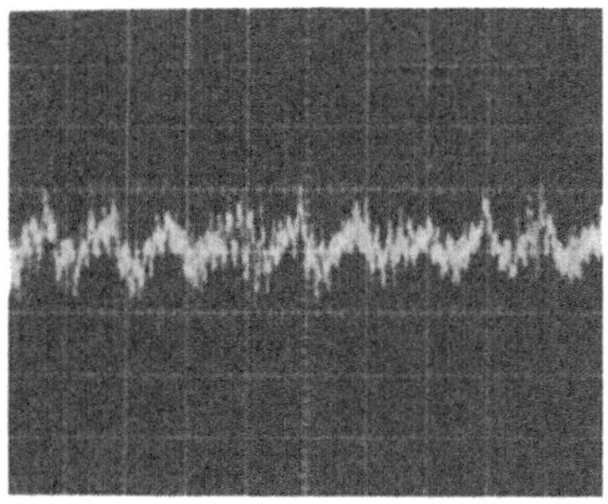

80-4

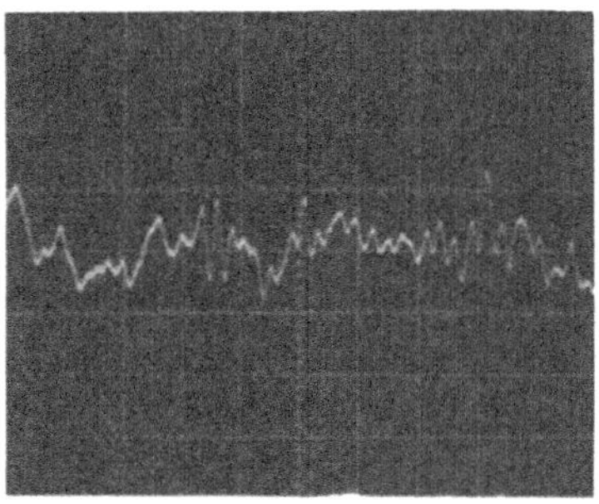

80-5

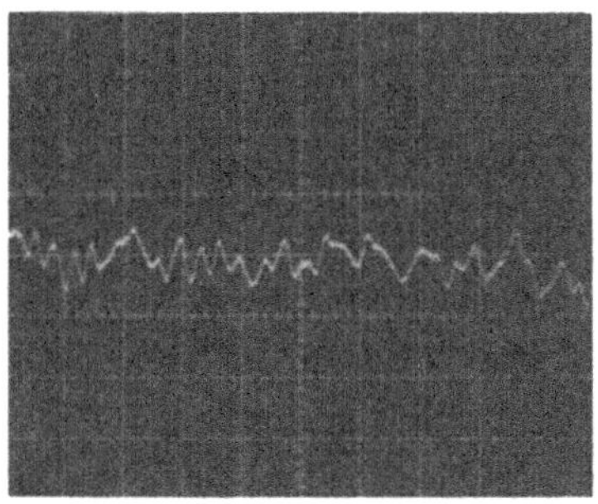

Spannvorrichtung

Empfindlichk. 0,2 mV/cm
Zeit: 1 ms/cm
Eichung: 0,0008 ‰ Dehnung/cm

80-6

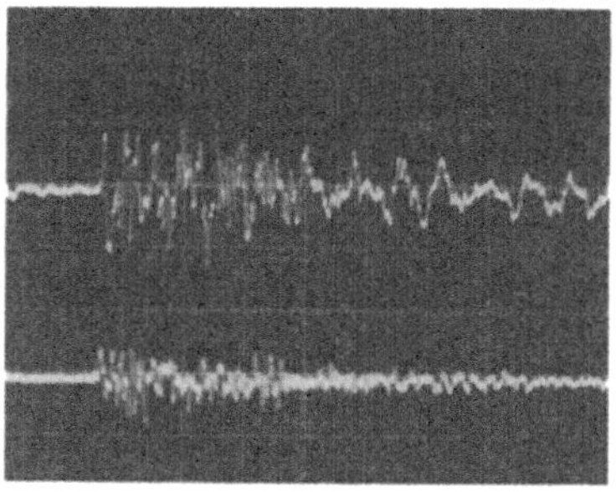

80-7

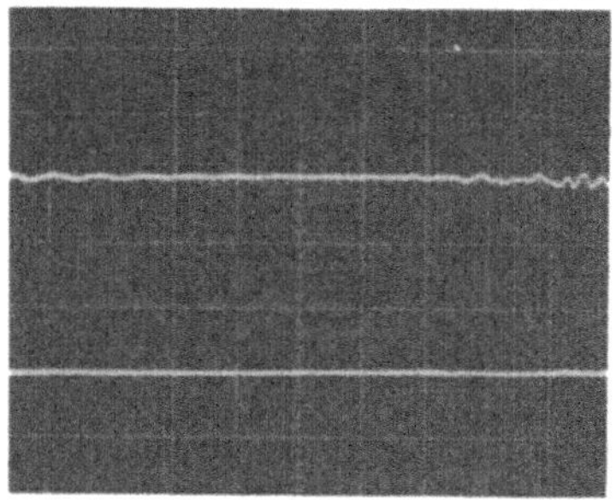

Einlaufstoß
horizontal, vertikal

Empfindlichk. 10 mV/cm; Zeit: 1 ms/cm
Eichung: 0,041‰ Dehnung/cm

80-8

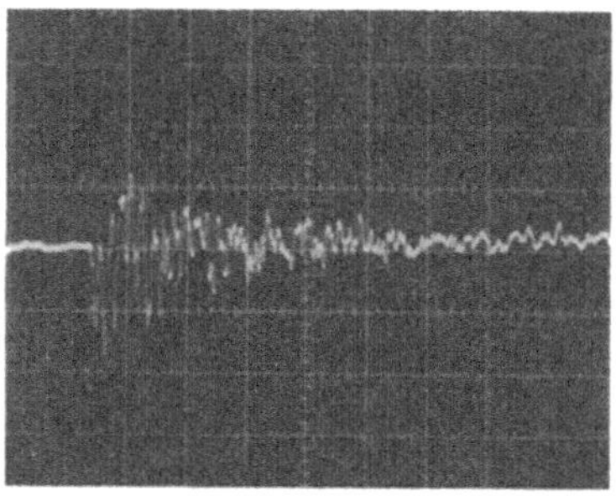

80-9

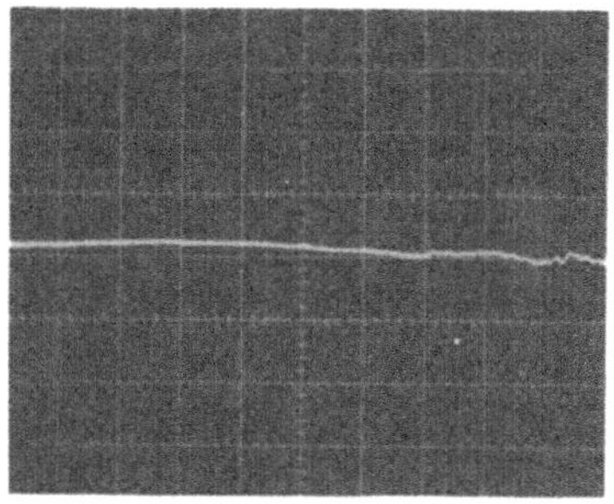

Einlaufstoß
schräg

Empfindlichk. 10 mV/cm; Zeit: 1 ms/cm
Eichung: 0,041‰ Dehnung/cm

80-10

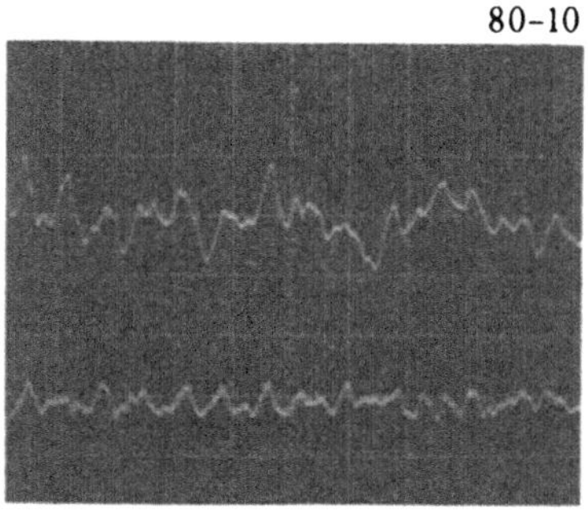

Einlaufstoß

horizontal, vertikal
Dehnung: 5 ×
Empfindlichk. 10 mV/cm
Zeit: 1 ms/cm
Eichung: 0,041‰ Dehnung/cm

80-11

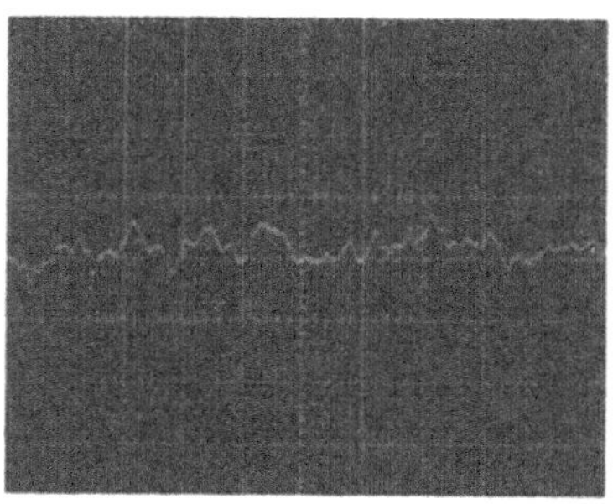

Einlaufstoß

schräg
Dehnung: 5 ×
Zeit: 1 ms/cm
Empfindlichk. 10 mV/cm
Eichung: 0,041‰ Dehnung/cm

80-12

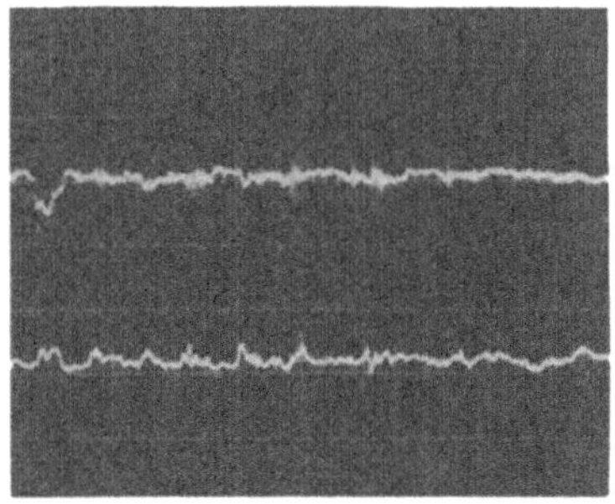

Umlenkung

horizontal, vertikal
Empfindlichk. 5 mV/cm
Zeit: 50 ms/cm
Eichung: 0,0205 ‰ Dehnung/cm

80-13

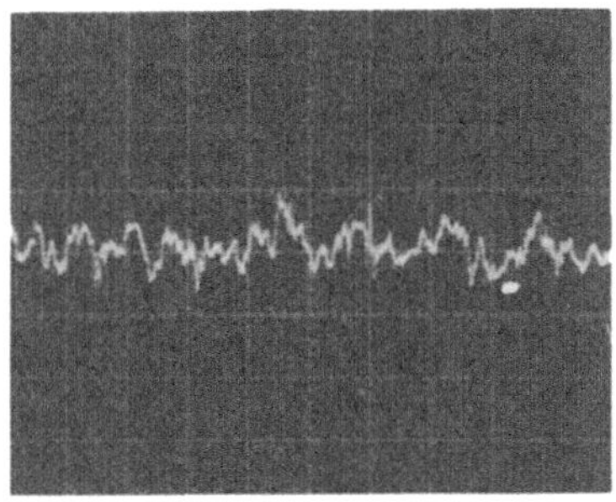

Umlenkung

schräg
Empfindlichk. 5 mV/cm
Zeit: 50 ms/cm
Eichung: 0,0205 ‰ Dehnung/cm

80-14

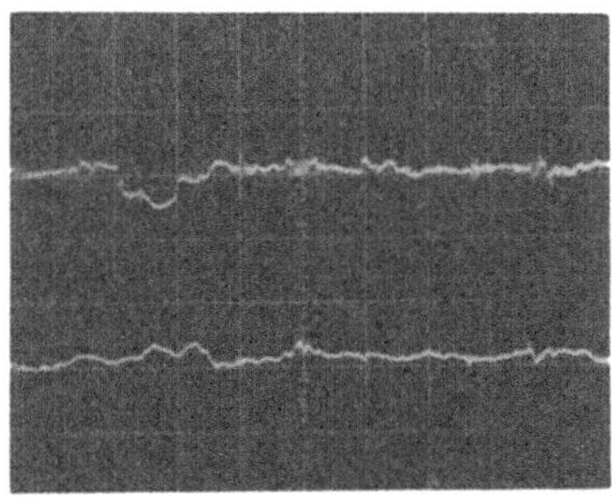

Umlenkung

horizontal, vertikal
Empfindlichk. 5 mV/cm
Zeit: 20 ms/cm
Eichung: 0,0205 ‰ Dehnung/cm

80-15

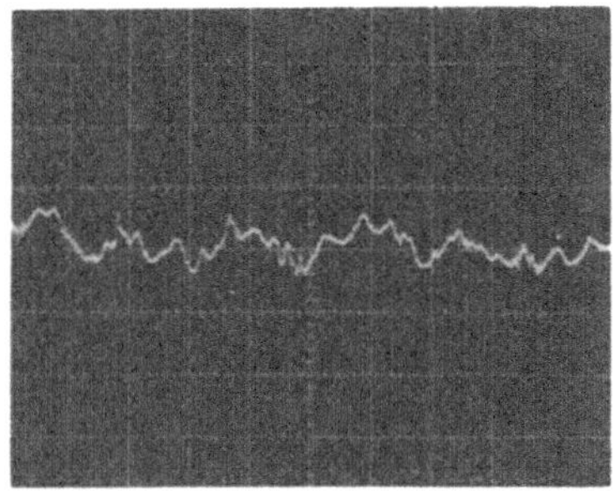

Umlenkung

schräg
Empfindlichk. 5 mV/cm
Zeit: 20 ms/cm
Eichung: 0,0205 ‰ Dehnung/cm

Tafel 14

80-16

Auslauf

horizontal, vertikal
Empfindlichk. 5 mV/cm
Zeit: 50 ms/cm
Eichung: 0,0205 ‰ Dehnung/cm

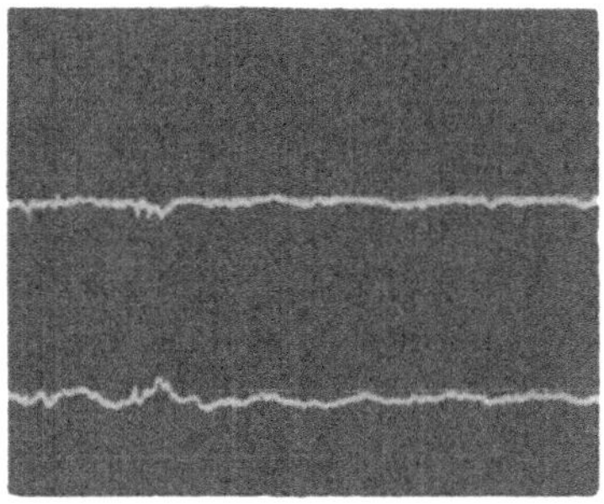

80-17

Auslauf

schräg
Empfindlichk. 5 mV/cm
Zeit: 50 ms/cm
Eichnung: 0,0205‰ Dehnung/cm

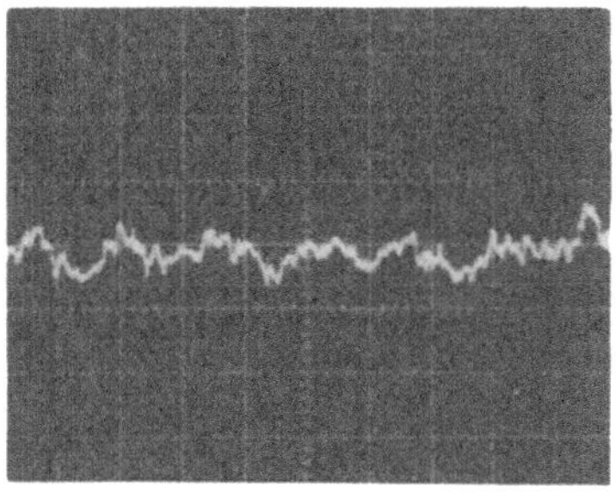

80-18

Geradliniges Trum

horizontal, vertikal
Empfindlichk. 1 mV/cm
Zeit: 50 ms/cm
Eichung: 0,0041‰ Dehnung/cm

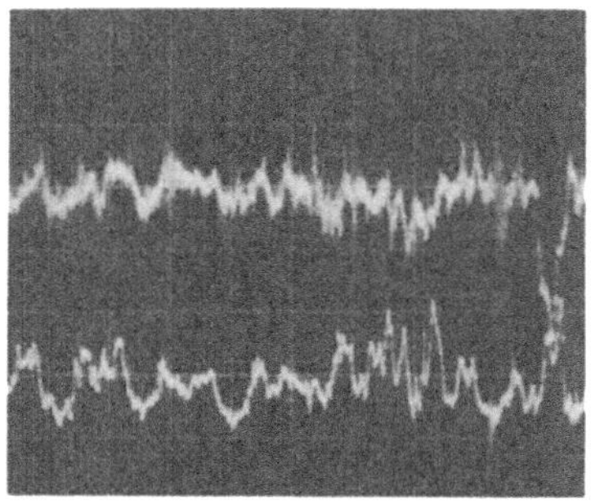

80-19

Geradliniges Trum

schräg
Empfindlichk. 1 mV/cm
Zeit: 50 ms/cm
Eichung: 0,0041 ‰ Dehnung/cm

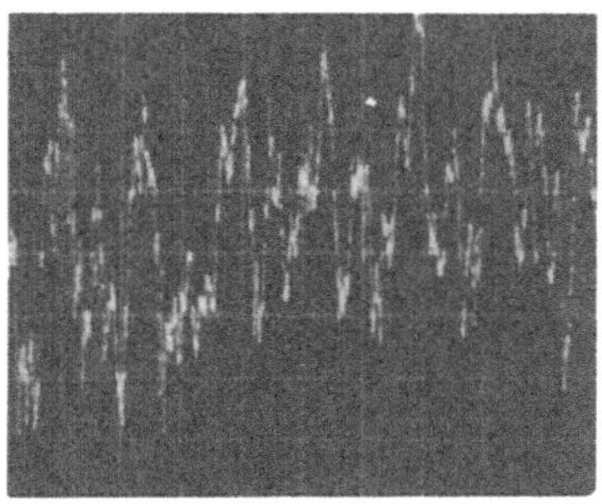

80-20

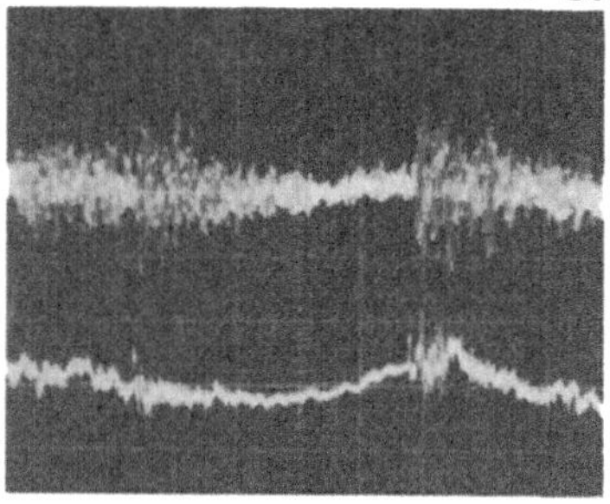

80-21

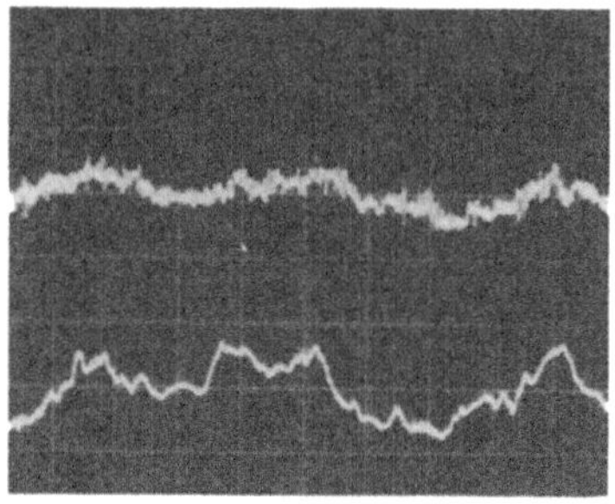

Geradliniges Trum horizontal, vertikal

Empfindlichk. 1 mV/cm; Zeit: 10 ms/cm
Eichung: 0,0041 ‰ Dehnung/cm

80-22

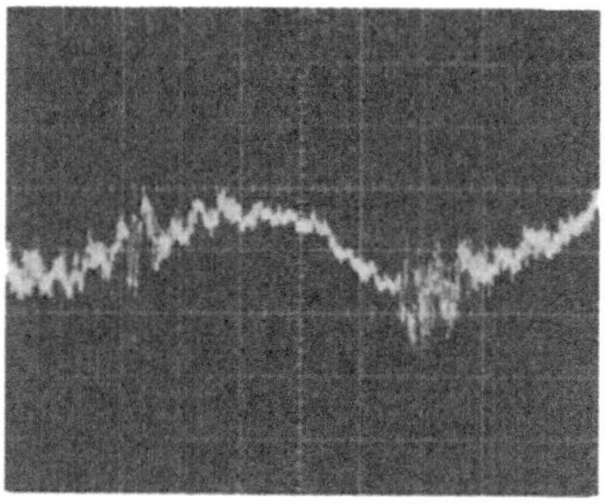

80-23

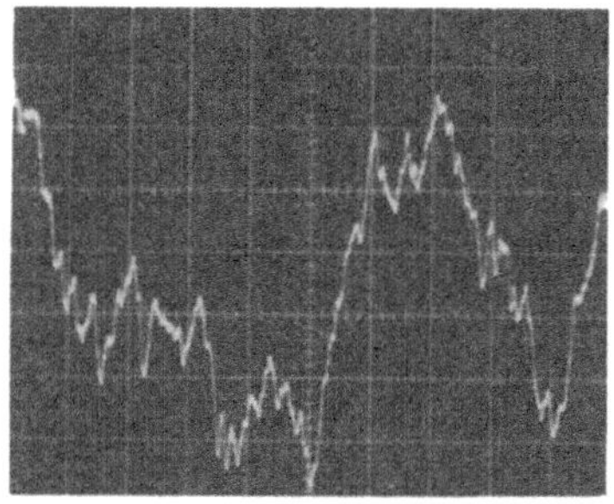

Geradliniges Trum schräg

Empfindlichk. 1 mV/cm; Zeit: 10 ms/cm
Eichung: 0,0041 ‰ Dehnung/cm

80-24

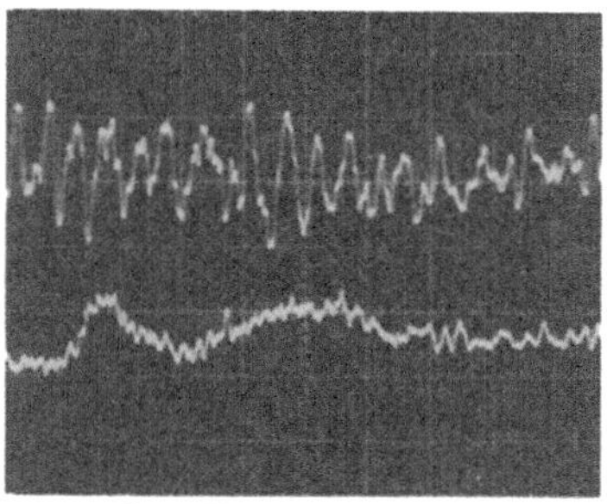

80-25

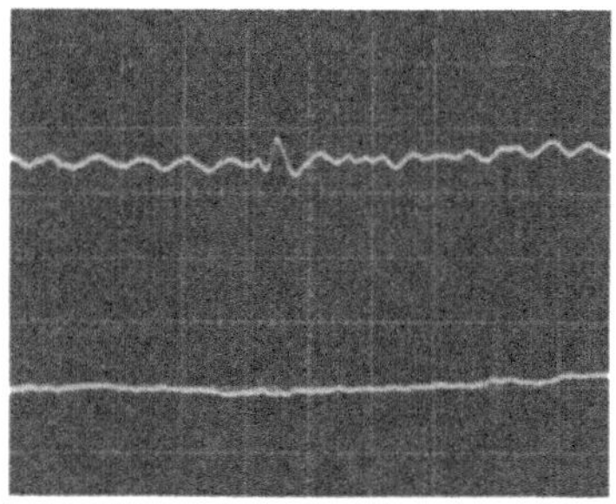

Geradliniges Trum horizontal, vertikal

Empfindlichk. 1 mV/cm; Zeit: 1 ms/cm
Eichung: 0,0041 ‰ Dehnung/cm

80-26

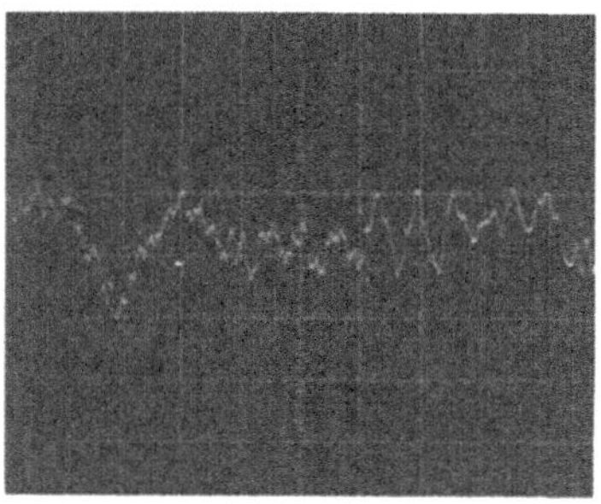

80-27

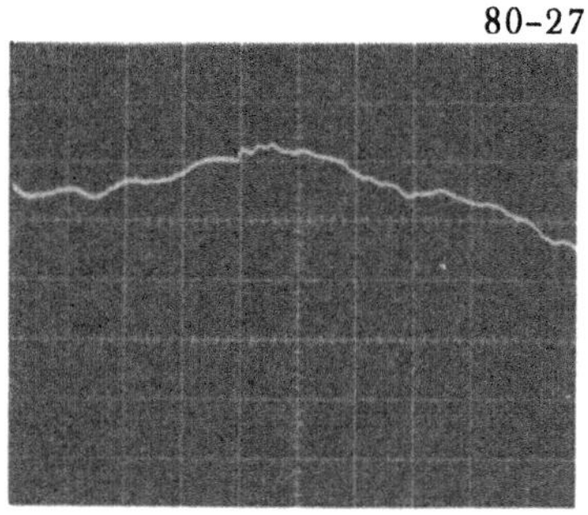

Geradliniges Trum schräg

Empfindlichk. 1 mV/cm; Zeit: 1 ms/cm
Eichung: 0,0041 ‰ Dehnung/cm

Umlenkung und Auslauf ruhig und ohne große Ausschläge. Die folgenden Oszillogramme 80–14 und 15 zeigen einen Kettenbahnausschnitt von 366 mm, der von demselben Punkt an aufgenommen ist und den Auslauf nicht mit umfaßt. In den Horizontalmessungen der Oszillogramme 80–12 und 14 sind wiederum links die Einbuchtungen infolge Laschenlängung sichtbar. Die beiden Bilder des Auslaufes zeigen einen kleineren Teil der Umlenkung, den Auslauf etwas links von der Mitte und das untere geradlinige Trum.

Geradliniges Trum bei n = 80 U/min, *Oszillogramme 80–20 bis 80–27*

Der herkömmliche Kettentrieb zeichnet sich hier durch langwellige Grund- und kurzwellige Oberschwingungen aus. Beim neuen Kettentrieb fehlen sowohl die hohe Frequenz als auch die großen Ausschläge der durch Stöße verursachten Oberschwingungen. Dafür weist die auf den Antrieb zurückgehende Grundschwingung besonders im 45°-Streifen große Ausschläge auf, die Ähnlichkeit mit dem Drehmoment haben. Der bei der Horizontalmessung des geradlinigen Trums im Oszillogramm 80–18 rechts auftretende größere Ausschlag ist zufällig und vermutlich durch einen kleinen Fremdkörper auf der Schiene verursacht.

GRUPPE IV

n = 110 U/min entsprechend 2,52 m/s

Messung des Drehmomentes am Antrieb (Meßstelle C).

Messung der Dehnungen an der Spannvorrichtung (Meßstelle B) in einer Richtung.

Messung der Dehnungen am Kettenglied (Meßstelle A) in drei Richtungen:

- Aufzeichnung des Einlaufstoßes am Antriebsstern
- Aufzeichnung der Umlenkung auf dem Antriebsstern
- Aufzeichnung des Auslaufes vom Antriebsstern
- Aufzeichnung des geradlinigen Lasttrums

Keine Photos linke Seite	Photos rechte Seite: Neuer Kettentrieb

Einstellungen Drehmomentmessung: Nullinie bei neuem Kettentrieb 3 cm über Bildschirmmitte.

Einstellungen Dehnungsmessungen: Spitze-Spitze ohne bezeichnete Nullinie.
Einstellungen der Oszillographen:

Empfindlichkeit:	Vertikale Ablenkung in V/cm
Zeit:	Horizontale Ablenkung in s/cm
Eichung:	s. unter 5.4

110-1

Drehmoment

Empfindlichk. 0,2 V/cm
Zeit: 50 ms/cm
Eichung: 3,2 cm ≙ 10 mkp

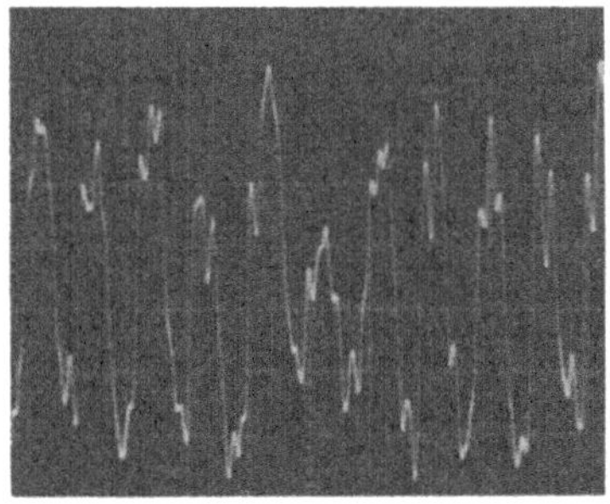

110-2

Spannvorrichtung

Empfindlichk. 0,2 mV/cm
Zeit: 20 ms/cm
Eichung: 0,0008 ‰ Dehnung/cm

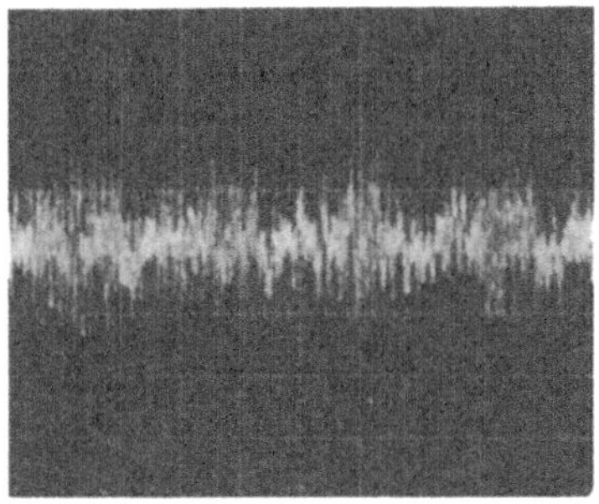

110-3

Spannvorrichtung

Empfindlichk. 0,2 mV/cm
Zeit: 1 ms/cm
Eichung: 0,0008 ‰ Dehnung/cm

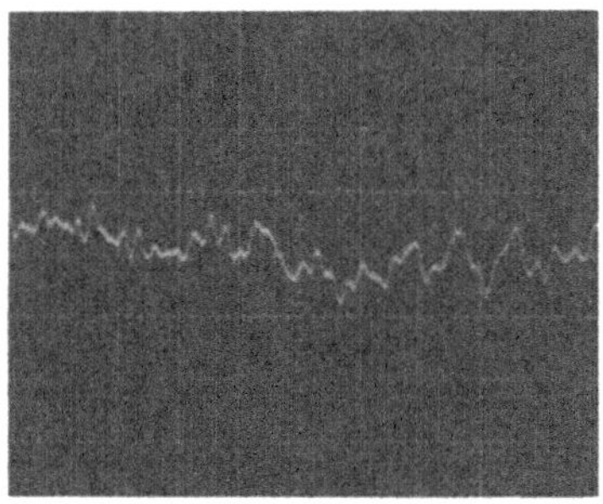

Tafel 17

110-4

Einlauf

horizontal, vertikal
Empfindlichk. 10 mV/cm
Zeit: 1 ms/cm
Eichung: 0,041 ‰ Dehnung/cm

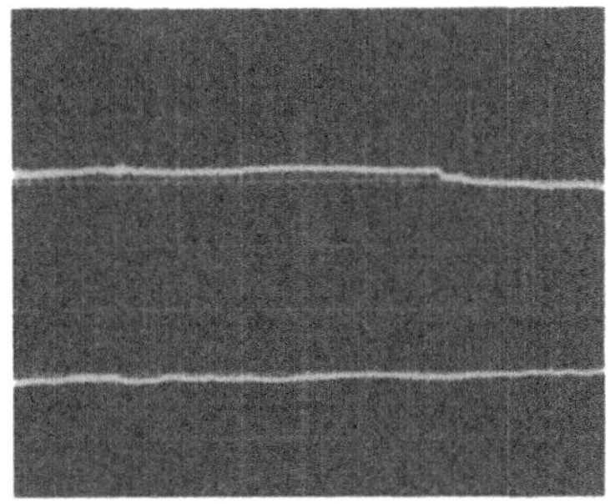

110-5

Einlauf

schräg
Empfindlichk. 10 mV/cm
Zeit: 1 ms/cm
Eichung: 0,041 ‰ Dehnung/cm

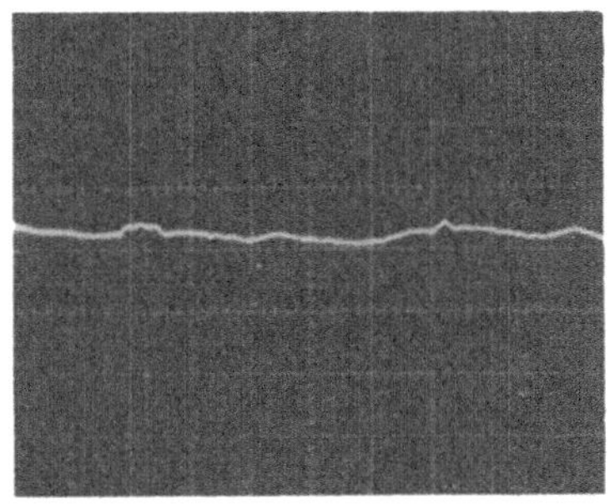

110-6

Umlenkung

horizontal, vertikal
Empfindlichk. 10 mV/cm
Zeit: 5 ms/cm
Eichung: 0,041 ‰ Dehnung/cm

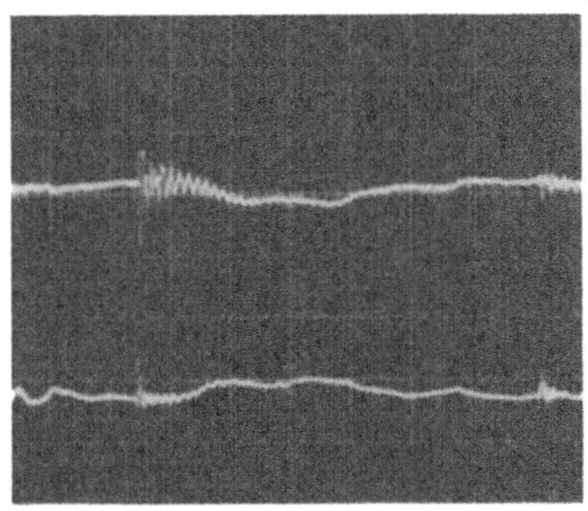

110-7

Umlenkung

schräg
Empfindlichk. 10 mV/cm
Zeit: 5 ms/cm
Eichung: 0,041 ‰ Dehnung/cm

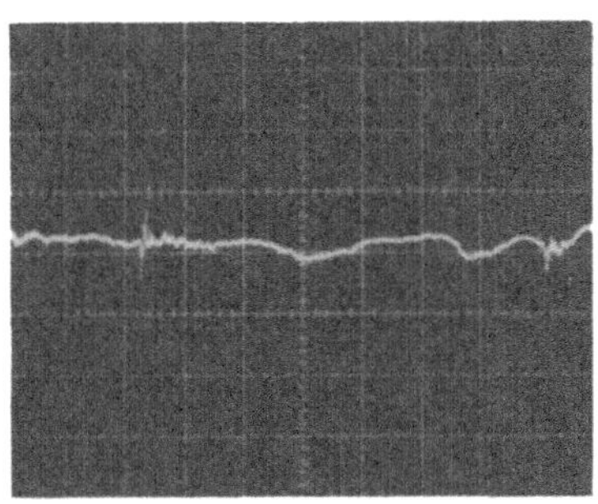

110-8

Auslauf

horizontal, vertikal
Empfindlichk. 5 mV/cm
Zeit: 50 ms/cm
Eichung: 0,0205 ‰ Dehnung/cm

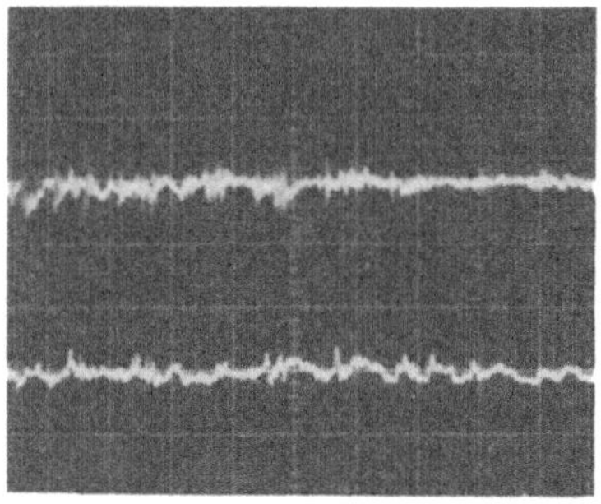

110-9

Auslauf

schräg
Empfindlichk. 5 mV/cm
Zeit: 50 ms/cm
Eichung: 0,0205 ‰ Dehnung/cm

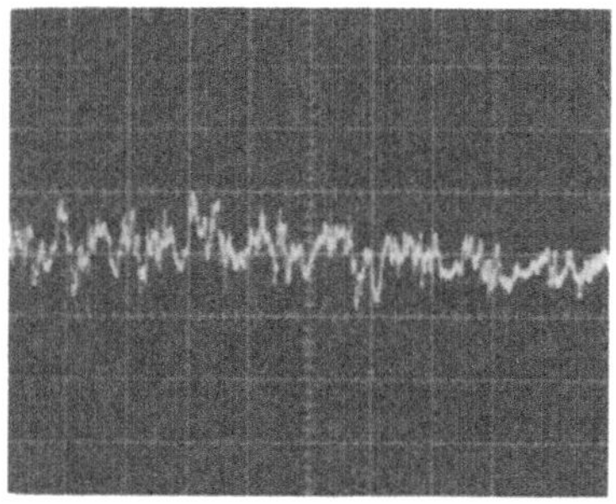

110-10

Geradliniges Trum

horizontal, vertikal
Empfindlichk. 1 mV/cm
Zeit: 50 ms/cm
Eichung: 0,0041 ‰ Dehnung/cm

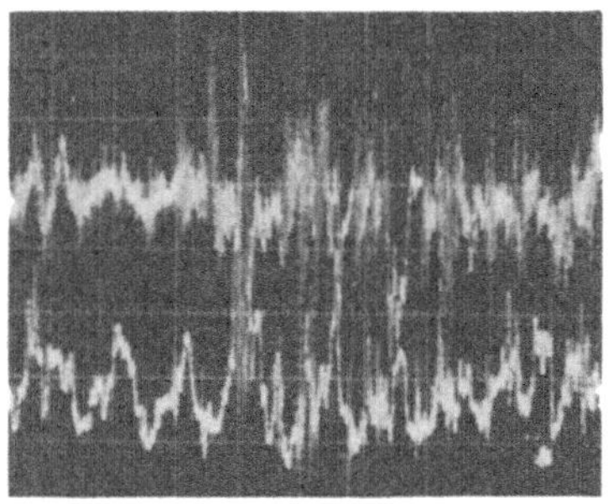

110-11

Geradliniges Trum

schräg
Empfindlichk. 1 mV/cm
Zeit: 50 ms/cm
Eichung: 0,0041 ‰ Dehnung/cm

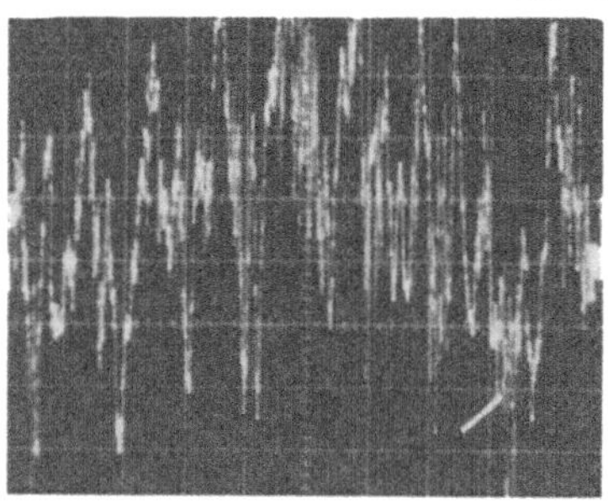

110–12

Geradliniges Trum

horizontal, vertikal
Empfindlichk. 1 mV/cm
Zeit: 10 ms/cm
Eichung: 0,0041 ‰ Dehnung/cm

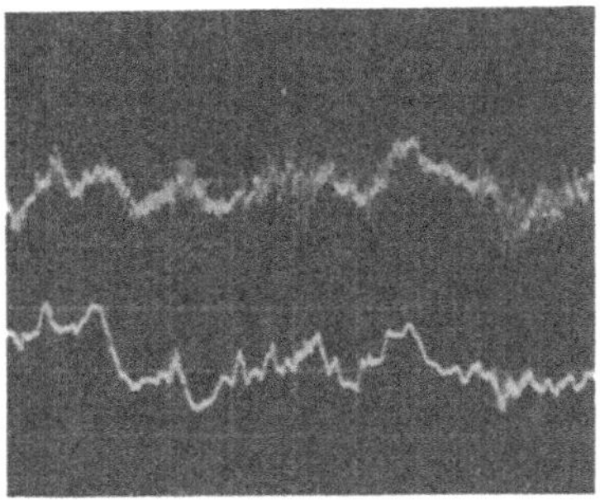

110–13

Geradliniges Trum

schräg
Empfindlichk. 1 mV/cm
Zeit: 10 ms/cm
Eichung: 0,0041 ‰ Dehnung/cm

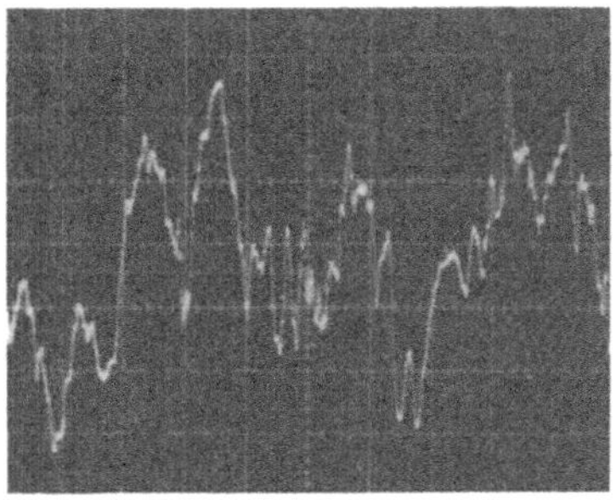

110–14

Geradliniges Trum

horizontal, vertikal
Empfindlichk. 1 mV/cm
Zeit: 1 ms/cm
Eichung: 0,0041 ‰ Dehnung/cm

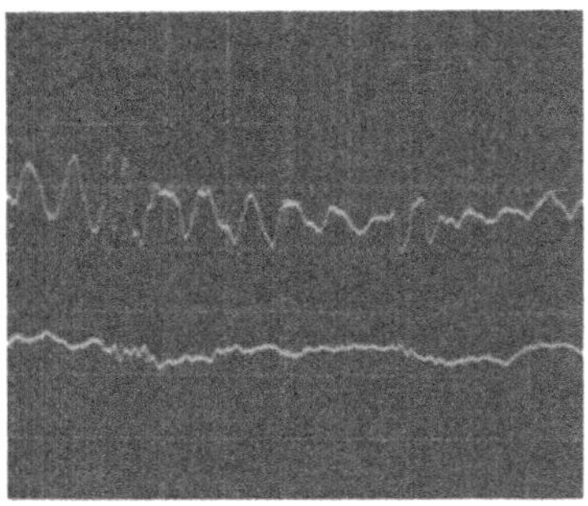

110–15

Geradliniges Trum

schräg
Empfindlichk. 1 mV/cm
Zeit: 1 ms/cm
Eichung: 0,0041 ‰ Dehnung/cm

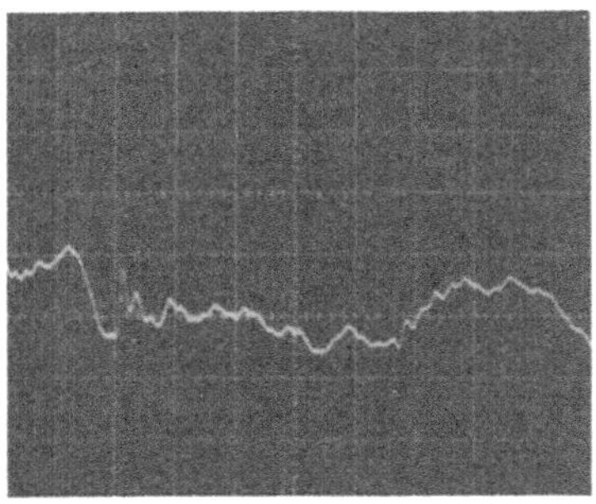

Drehmoment bei n = 110 U/min, *Oszillogramm 110–1*

Bei den jetzt folgenden Drehzahlen wird nur der neue Kettentrieb untersucht. Das mittlere Drehmoment steigt auf 16 mkp, die Schwankungen auf ca. 15 mkp an. Wegen der großen Drehmassen in Verbindung mit den Gummipuffern ändert sich das Schwingungsbild des Drehmomentes von Drehzahl zu Drehzahl. Zwischen 80 und 110 U/min liegt ebenfalls eine deutliche Änderung vor.

Spannvorrichtung bei n = 110 U/min, *Oszillogramme 110–2 und 110–3*

Auch hier bleibt die 50-Hz-Grundschwingung bestehen. Die Heftigkeit der Ausschläge nimmt nur langsam zu.

Einlauf bei n = 110 U/min, *Oszillogramme 110–4 und 110–5*

Da beim neuen Kettentrieb kein Einlaufstoß mehr auftritt, wird die vorliegende Messung als »Einlauf« bezeichnet. Die Empfindlichkeit bleibt wie bei 80 U/min 10 mV/cm.

Umlenkung bei n = 110 U/min, *Oszillogramme 110–6 und 110–7*

In den Oszillogrammen 110–6 und 7, die eine Kettenlaufstrecke von 126 mm wiedergeben, tritt erstmalig eine neue Erscheinung auf, die kurz hinter der Berührung von Kettenrolle und Zahn mit einem Stoß beginnt und 70 mm später ungefähr in der Mitte des Einlaufbereiches mit einem zweiten schwächeren Stoß endet. Ursache hierfür ist das Abheben der hinteren Zahnträgerachse auf dem Übergang zu Beginn des Einlaufes. Der erste Stoß ist die Folge des von seiner Bahn nach oben geschleuderten Zahnträgers, der die Kette mitnimmt. Die Kette schwingt zurück, so daß sich ein wenig gedämpftes Nachschwingen ergibt. Der zweite Stoß erfolgt, wenn die abgehobene oder nur leicht anlaufende Zahnträgerachse wieder voll auf die Kurvenbahn auftrifft. Der Zahnträger dreht sich bei diesem Vorgang um seine Vorderräder. Begünstigt wird das Abheben der Hinterachse durch die gleichsinnige Drehrichtung des Zahnträgers um den Gelenkpunkt *B* an dieser Stelle. Eine Auswirkung der Erscheinung auf das geradlinige Trum ist nicht zu beobachten. Am Auslauf kann kein Abheben festgestellt werden, obwohl dort dieselbe Kurvenform Verwendung findet. Hier liegt die Kette fester auf und verhindert das Abheben. An die Oszillogramme 110–6 und 7 schließen sich 110–8 und 9 auch in der Kettenlaufstrecke an, da sie mit der Übergangskurve beginnen.

Auslauf bei n = 110 U/min, *Oszillogramme 110–8 und 110–9*

Die Oszillogramme 110–8 und 9 zeigen einen 1260 mm langen Ausschnitt aus der Kettenbahn und enthalten die Umlenkung von der Übergangskurve an, in der Mitte der rechten Bildhälfte etwa den Auslauf, anschließend das untere geradlinige Trum. Das allgemeine Schwingungsniveau steigt an. Umlenkung und Auslauf weisen jedoch keine Besonderheiten auf. Ein Umlenkstoß ist nicht bemerkbar.

Geradliniges Trum bei n = 110 U/min, *Oszillogramme 110–10 bis 110–15*

Infolge der Geschwindigkeitszunahme hebt sich auch hier das allgemeine Schwingungsniveau, Grund- und Oberschwingung nehmen an Frequenz und Amplitude zu. Die größten Ausschläge zeigt weiterhin der 45°-Streifen. Bei diesen Geschwindigkeiten ergeben bereits Fremdkörper in der Größenordnung von $^{1}/_{100}$ mm Ausschläge. Auch die Einrichtung der Schienen im geradlinigen Trum wird schwieriger.

GRUPPE V

n = 140 U/min entsprechend 3,2 m/s

Messung des Drehmomentes am Antrieb (Meßstelle C).

Messung der Dehnungen an der Spannvorrichtung (Meßstelle B) in einer Richtung.

Messung der Dehnungen am Kettenglied (Meßstelle A) in drei Richtungen:

Aufzeichnung des Einlaufstoßes am Antriebsstern
Aufzeichnung der Umlenkung auf dem Antriebsstern
Aufzeichnung des Auslaufes vom Antriebsstern
Aufzeichnung des geradlinigen Lasttrums

Keine Photos linke Seite	Photos rechte Seite:
	Neuer Kettentrieb

Einstellungen Drehmomentmessung: Nullinie bei neuem Kettentrieb 5 cm über Bildschirmmitte.

Einstellungen Dehnungsmessungen: Spitze–Spitze ohne bezeichnete Nullinie.

Einstellung der Oszillographen:

Empfindlichkeit:	Vertikale Ablenkung in V/cm
Zeit:	Horizontale Ablenkung in s/cm
Eichung:	s. unter 5.4

Drehmoment bei n = 140 U/min, *Oszillogramm 140–1*

Bei 140 U/min wachsen die Schwankungen des Drehmomentes wieder stärker auf ca. 20 mkp an, so daß eine Resonanzstelle angenommen werden muß. Das mittlere Drehmoment steigt nur geringfügig auf ca. 17 mkp an. Auch das Schwingungsbild ändert sich und gleicht wieder dem bei 55 U/min, wo ebenfalls Resonanzeinflüsse spürbar waren.

Spannvorrichtung bei n = 140 U/min, *Oszillogramme 140–2 und 140–3*

Die Schwingung nimmt an Heftigkeit stark zu, die Oberschwingungen überwuchern die Grundschwingung. Es besteht Tendenz zu einem gleichmäßig breiten Schwingungsband.

140–1

Drehmoment

Empfindlichk. 0,2 V/cm
Zeit: 50 ms/cm
Eichung: 3,2 cm ≙ 10 mkp

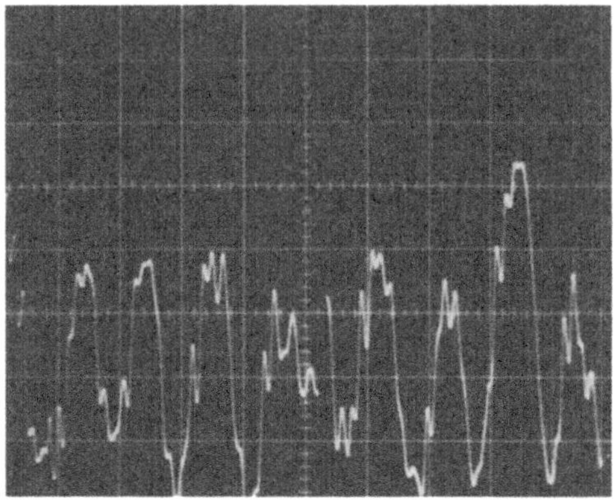

140–2

Spannvorrichtung

Empfindlichk. 0,2 mV/cm
Zeit: 20 ms/cm
Eichung: 0,0008 ‰ Dehnung/cm

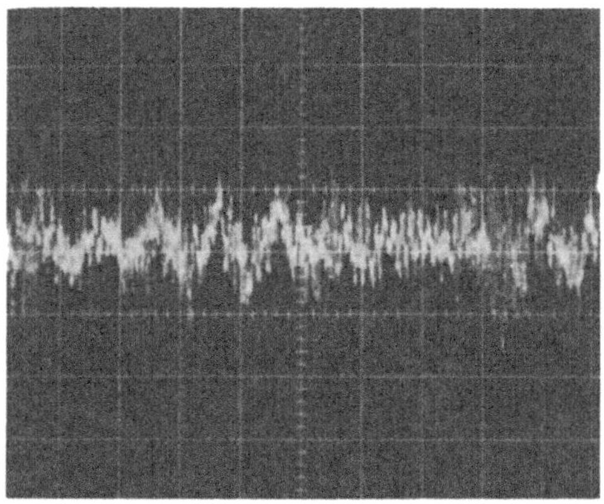

140–3

Spannvorrichtung

Empfindlichk. 0,2 mV/cm
Zeit: 1 ms/cm
Eichung: 0,0008 ‰ Dehnung/cm

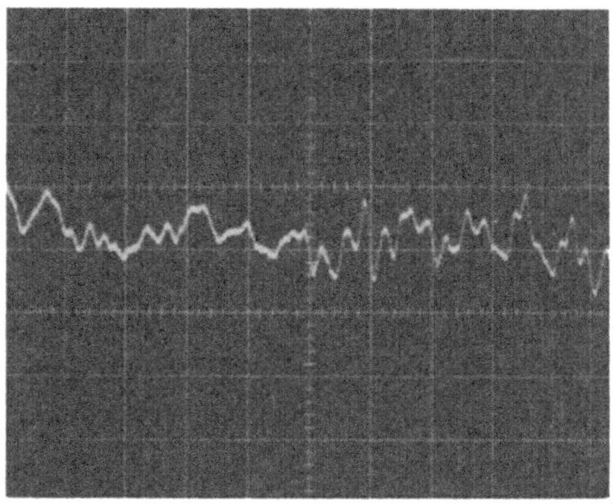

140-4

Einlauf

horizontal, vertikal
Empfindlichk. 10 mV/cm
Zeit: 1 ms/cm
Eichung: 0,041$^0/_{00}$Dehnung/cm

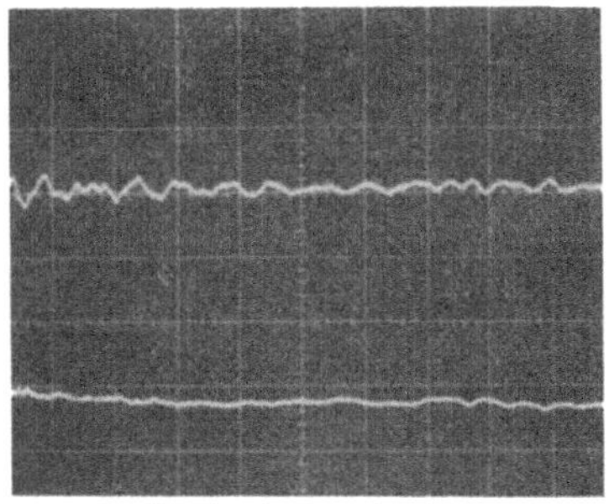

140-5

Einlauf

schräg
Empfindlichk. 10 mV/cm
Zeit: 1 ms/cm
Eichung: 0,041$^0/_{00}$Dehnung/cm

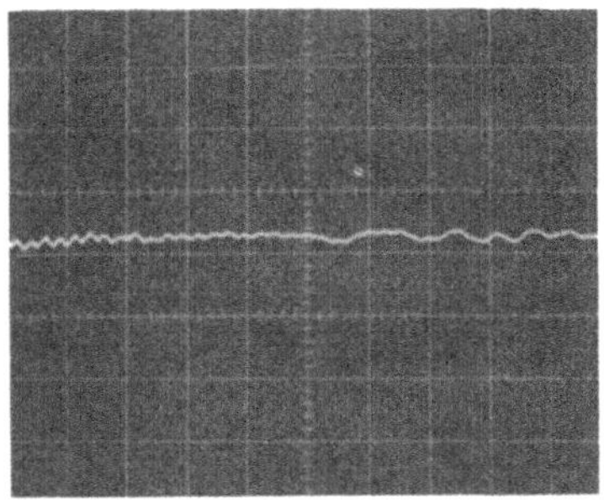

140-6

Umlenkung

horizontal, vertikal
Empfindlichk. 10 mV/cm
Zeit: 5 ms/cm
Eichung: 0,041$^0/_{00}$Dehnung/cm

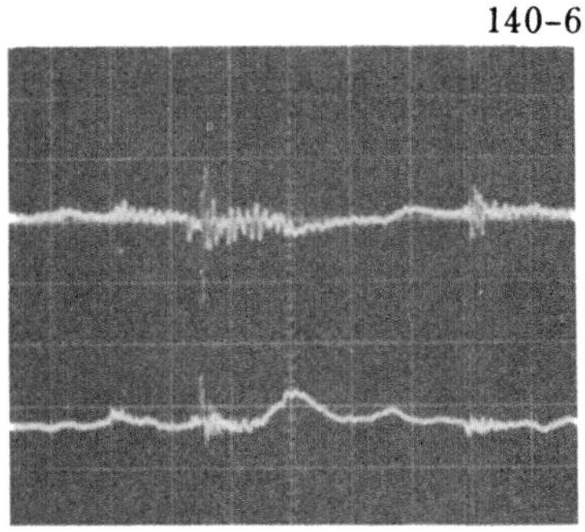

140-7

Umlenkung

schräg
Empfindlichk. 10 mV/cm
Zeit: 5 ms/cm
Eichung: 0,041$^0/_{00}$Dehnung/cm

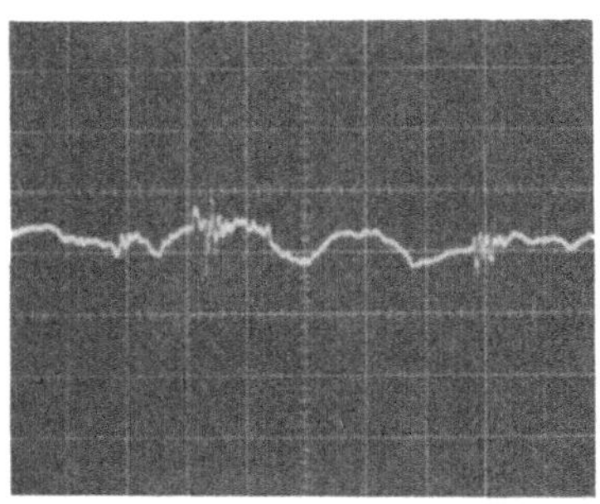

140-8

Auslauf

horizontal, vertikal
Empfindlichk. 5 mV/cm
Zeit: 50 ms/cm
Eichung: 0,0205 ‰ Dehnung/cm

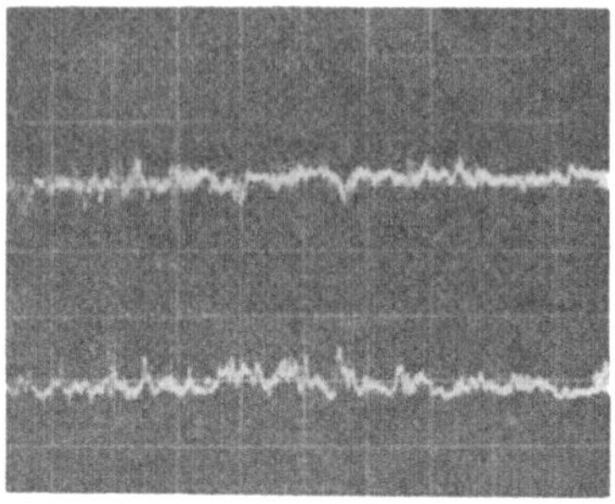

140-9

Auslauf

schräg
Empfindlichk. 5 mV/cm
Zeit: 50 ms/cm
Eichung: 0,0205 ‰ Dehnung/cm

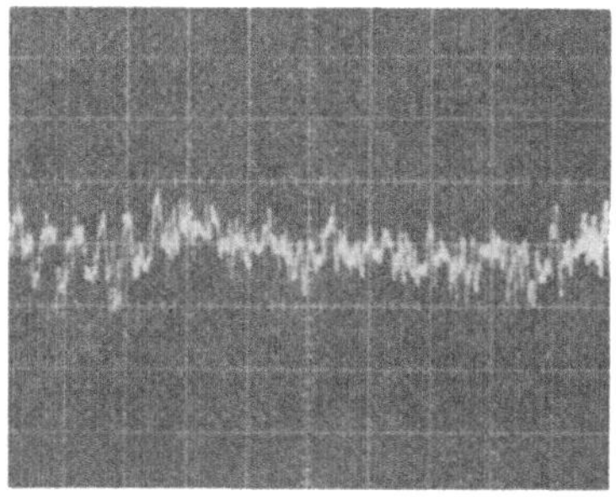

140-10

Geradliniges Trum

horizontal, vertikal
Empfindlichk. 2 mV/cm
Zeit: 50 ms/cm
Eichung: 0,0082 ‰ Dehnung/cm

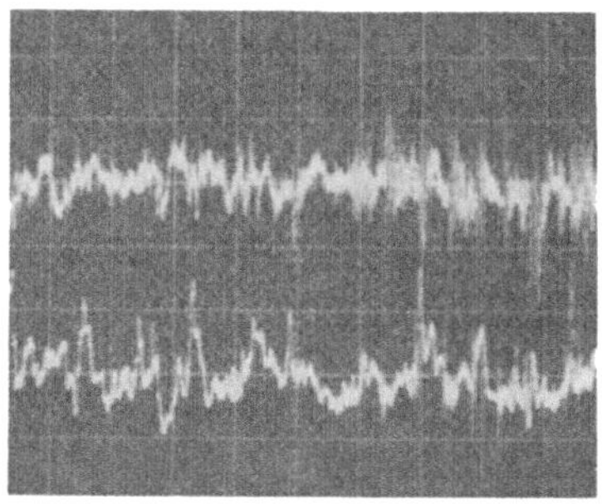

140-11

Geradliniges Trum

schräg
Empfindlichk. 2 mV/cm
Zeit: 50 ms/cm
Eichung: 0,0082 ‰ Dehnung/cm

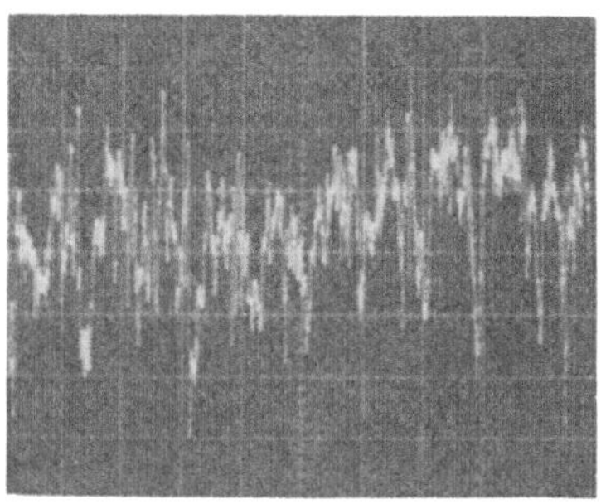

140–12

Geradliniges Trum

horizontal, vertikal
Empfindlichk. 2 mV/cm
Zeit: 10 ms/cm
Eichung: 0,0082 ‰ Dehnung/cm

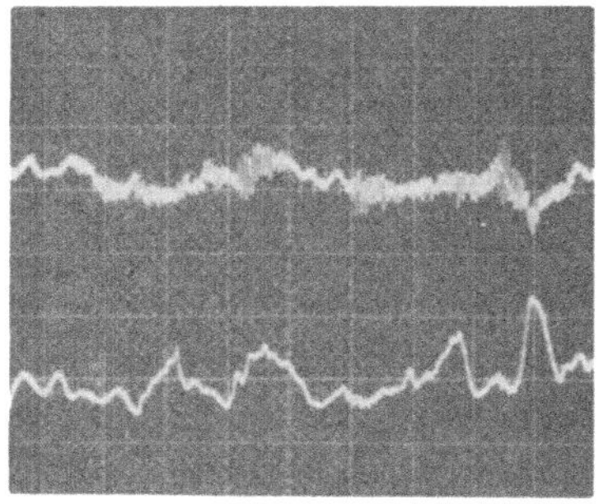

140–13

Geradliniges Trum

schräg
Empfindlichk. 2 mV/cm
Zeit: 10 ms/cm
Eichung: 0,0082 ‰ Dehnung/cm

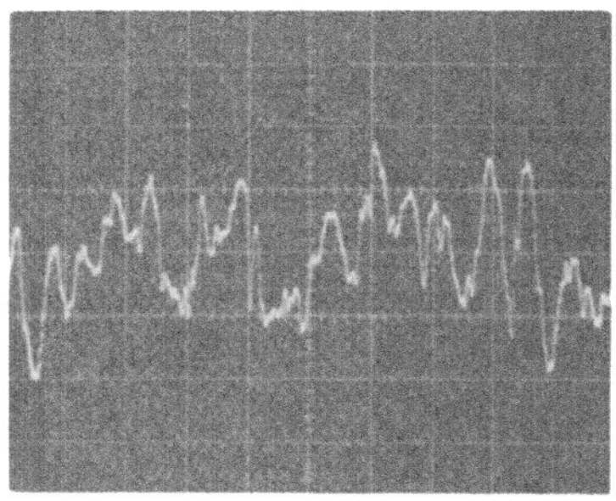

140–14

Geradliniges Trum

horizontal, vertikal
Empfindlichk. 2 mV/cm
Zeit: 1 ms/cm
Eichung: 0,0082 ‰ Dehnung/cm

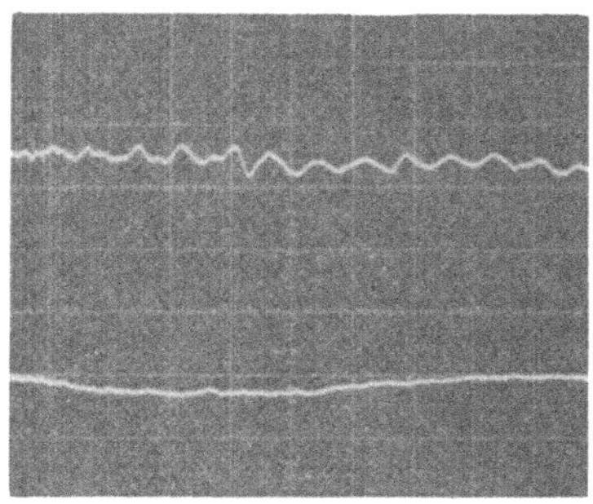

140–15

Geradliniges Trum

schräg
Empfindlichk. 2 mV/cm
Zeit: 1 ms/cm
Eichung: 0,0082 ‰ Dehnung/cm

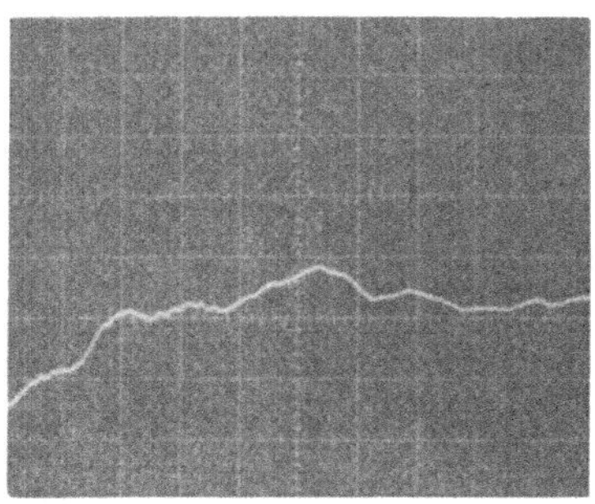

Einlauf bei n = 140 U/min, *Oszillogramme 140–4 und 140–5*

In den Oszillogrammen 140–4 und 5 ist kein Einlaufstoß erkennbar. Der Kettenlauf wird jedoch allgemein unruhiger.

Umlenkung bei n = 140 U/min, *Oszillogramme 140–6 und 140–7*

Die Oszillogramme 140–6 und 7 zeigen eine Kettenlaufstrecke von 160 mm, beginnend vor dem Einlauf und endend auf der Übergangskurve. Das Abheben der hinteren Zahnträgerachse hat sich verstärkt, so daß – wenn auch geringe – Auswirkungen auf das geradlinige Trum bestehen. Die Oszillogramme 140–8 und 9 schließen sich wieder in der Kettenlaufstrecke an.

Auslauf bei n = 140 U/min, *Oszillogramme 140–8 und 140–9*

Der von den Oszillogrammen 140–8 und 9 gezeigte Ausschnitt aus der Kettenbahn wächst infolge der höheren Geschwindigkeit auf 1600 mm an und enthält die Übergangskurve beim Einlauf, den Auslauf etwas rechts von der Bildmitte und das geradlinige Trum. Matt sichtbar ist links in der Horizontalmessung die Ausbuchtung infolge Laschenlängung auf der Übergangskurve. Ein Umlenkstoß ist weiterhin nicht zu erkennen. Die Umlenkung erfolgt ohne große Ausschläge im allgemeinen Schwingungsniveau und geht stoßfrei in das geradlinige Trum über.

Geradliniges Trum bei n = 140 U/min, *Oszillogramme 140–10 bis 140–15*

Gegenüber niedrigeren Geschwindigkeiten steigt das Schwingungsniveau weiter an, so daß die Empfindlichkeit um die Hälfte auf 2 mV/cm verringert werden mußte. Das Schwingungsbild gleicht dem vorhergehenden.

Zusammenfassend erhalten wir in der Auswertung folgende Ergebnisse der Drehmoment- und Dehnungsmessung:

Drehmoment

Das Drehmoment des neuen Kettentriebes ist wegen des höheren Getriebeaufwandes und der engen Passungstoleranzen etwa dreimal so groß wie das des herkömmlichen Kettentriebes. (s. Tab.).

Während der herkömmliche Kettentrieb bei 30 U/min Resonanzerscheinungen zeigt, konnten für den neuen Kettentrieb Resonanzen in der Nähe von 55 und 140 U/min festgestellt werden. In beiden Fällen liegen große Drehmassen in Verbindung mit den Gummielementen der Kupplungen vor. Beim neuen Kettentrieb kommt der wechselnde Drehwiderstand der umlaufenden Zahnträger hinzu, der hier auch der Grund für das ungleiche Drehmoment ist. Die Schwankungen erhöhen sich gegenüber dem herkömmlichen Kettentrieb um ca. 100%

Drehzahl [U/min]	Mittleres Drehmoment [mkp]		Drehmomentschwankungen [mkp]	
	bei herkömmlichem Kettentrieb	bei neuem Kettentrieb	bei herkömmlichem Kettentrieb	bei neuem Kettentrieb
30	5	16	7,5	12
55	5	13	6,5	19
80	5	14	4	12
110	–	16	–	15
140	–	17	–	20

Spannvorrichtung

Bei niedrigen Drehzahlen weist der neue Kettentrieb gegenüber dem herkömmlichen eine Grundschwingung von etwa 50 Hz auf, die durch den Zahnträgerumlauf hervorgerufen wird. Bei 80 U/min bilden die Schwingungen des herkömmlichen Kettentriebes ein breites Band und übertreffen Grund- und Oberschwingungen des neuen Kettentriebes. Hierbei muß aber berücksichtigt werden, daß die Schwingungen der Spannvorrichtung beispielsweise in der Empfindlichkeitsstufe des geradlinigen Trums von 1 mV/cm nur etwa 20% ihrer jetzigen Größe ausmachen, also fast verschwinden würden. Eine Erhöhung der Schwingungen des Traggerüstes, wie sie in der Theorie zunächst vermutet wurde, ist nicht der Fall.

Einlaufstoß/Einlauf

Der herkömmliche Kettentrieb besitzt einen mit zunehmender Geschwindigkeit härter werdenden Einlaufstoß, dessen deutlich sichtbares Schwingungsbild sich aus dem eigentlichen Stoß und dem Nachschwingen zusammensetzt. Die Hauptschwingungen weisen Frequenzen von 5 bis 15 kHz auf. Der Einlaufstoß ist die heftigste Stoßerscheinung am Kettentrieb und hat wesentlichen (bei Kettentrieben ohne Schienen im geradlinigen Trum sogar ausschließlichen) Einfluß auf die Geräuschentwicklung und den Verschleiß eines Kettentriebes.
Der neue Kettentrieb weist bei keiner der untersuchten Geschwindigkeiten einen Einlaufstoß auf, so daß eine stoßfreie Ineinanderführung von Kettenrolle und Zahn gewährleistet ist. Alle theoretischen und konstruktiven Überlegungen hierzu finden damit ihre Bestätigung.

Umlenkung/Auslauf

Im Gegensatz zu der durch Stöße beeinflußten Umlenkung beim herkömmlichen Kettentrieb erfolgt diese beim neuen Kettentrieb ruhig und ohne störende Einflüsse. Auf der Übergangskurve am Einlauf findet eine Laschenlängung statt, deren Ursache ein ungenügendes Ausrichten der Getriebeteile bei der Montage ist. Innerhalb der vorgesehenen Ausrichtbarkeit der Kurvenscheiben ist eine Änderung der Ausbuchtung festzustellen. Dabei ändert sich jedoch auch der

Zahnträgerumlauf, so daß keine Optimaleinstellung für alle Faktoren erreichbar ist. Der allmählich einsetzende Vorgang der Laschenlängung stört aber den Kettenlauf nicht.
Von 110 U/min an aufwärts hebt die Hinterachse des Zahnträgers im Einlaufbereich ab und gibt durch das eigentliche Abheben und das Wiederauftreffen auf die Kurvenbahn zwei Stöße an die Kette ab, die den Lauf geringfügig beeinflussen. Durch die Verwendung stärkerer Federn oder durch Abrundung der Bahn kann diese Erscheinung behoben werden (im letzteren Fall entsteht allerdings ein Teilungsfehler). Bis 140 U/min können die durch das Abheben entstehen den Stöße in Kauf genommen werden, da die Kette beispielsweise gegenüber dem herkömmlichen Kettentrieb bei 80 U/min immer noch erheblich ruhiger läuft.

Der beim herkömmlichen Kettentrieb gefürchtete Umlenkstoß, d. h. das Auftreffen der Kettenglieder auf die Führungsschiene im geradlinigen Trum nach Verlassen des Kettensternes, ist beim neuen Kettentrieb nicht mehr vorhanden. Der stoßfreie Auslauf vom Kettenstern in das geradlinige Trum trägt wesentlich zum ruhigen Gesamtlauf der Kette bei.

Geradliniges Trum

Die beim herkömmlichen Kettentrieb im geradlinigen Trum auftretenden hochfrequenten Schwingungen fehlen beim neuen Kettentrieb. Andererseits weist aber der neue Kettentrieb eine größere Beeinflussung durch Drehschwingungen des Antriebes infolge Zahnträgerumlauf auf, die besonders an den Resonanzstellen den Kettenlauf beeinträchtigen. Die Verwendung eines möglichst starren Antriebssystems in Verbindung mit einem stark untersetzten Motor kann hier Verbesserungen bewirken.

5.5.2 Geräuschmessungen

Die Rundummessung der Geräuschentwicklung der Kettentriebe an den in Abb. 53 eingezeichneten Meßpunkten 1–8 in 3 m Abstand vom Prüfstand ergab

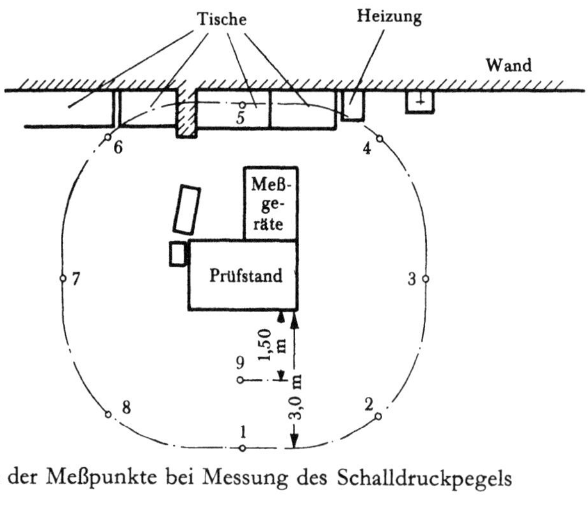

Abb. 53 Lage der Meßpunkte bei Messung des Schalldruckpegels

die in der Tabelle festgehaltenen Werte. Es wurde sowohl nach der Bewertungskurve A als auch linear gemessen. Die Bewertungskurve A ist international festgelegt und trägt dem menschlichen Gehör Rechnung, das Töne höherer Frequenz »lauter« empfindet. Sie stellt eine Vergleichskurve dar, durch die der effektive

Schalldruckmessung am herkömmlichen Kettentrieb nach der Bewertungskurve A in dB(A)									
n [U/min]	Meßorte Nr. 1	2	3	4	5	6	7	8	arithmetischer Mittelwert aufgerundet
0	36	36	38	37	38	40	38	38	38
30	80	80	79	75	75	76	74	76	77
55	86	84	81	82	81	82	82	84	83
80	91	89	86	87	86	86	86	89	88
Schalldruckmessung am herkömmlichen Kettentrieb linear in dB									
0	57	58	60	60	60	55	54	56	58
30	80	80	79	79	76	77	76	78	78
55	88	85	82	83	84	84	83	86	84
80	93	91	87	88	87	88	87	91	89
Schalldruckmessung am neuen Kettentrieb nach der Bewertungskurve A in dB(A)									
0	35	35	36	38	36	40	37	32	36
30	65	64	65	67	72	66	66	66	66
55	70	69	68	68	72	69	68	69	69
80	76	74	74	74	75	73	74	75	74
110	82	80	79	79	79	78	80	82	80
140	86	84	83	83	83	82	85	85	84
Schalldruckmessung am neuen Kettentrieb linear in dB									
0	61	54	54	58	59	57	54	56	57
30	68	69	68	70	75	72	70	69	70
55	72	71	71	72	76	72	72	72	72
80	77	75	74	75	77	74	75	76	75
110	83	81	80	80	81	79	81	82	81
140	86	85	84	82	84	83	85	86	84

Anzeigewert (Linearwert) bereits im Meßgerät in den dB(A)-Wert umgerechnet wird. Der Prüfstand ist in einer großen Halle von 16×40 m Grundfläche und 8 m Höhe untergebracht, deren Wände aus Fertigbetonteilen bestehen. Dieses Material ist kein guter Schallreflektor, so daß keine großen Einflüsse bestehen

können. Die Messungen wurden abends oder nachts zu verkehrsarmen Zeiten durchgeführt. Fremdgeräusche, die besonders den Nullpegel stark verändern, traten nicht auf. An den Meßpunkten 3–7, insbesondere 5 und 6, sind Störeinflüsse durch den Fremdlüfter des Antriebsmotors gegeben, die bei dem weniger geräuschstarken neuen Kettentrieb bei 30, 55 und 80 U/min erkennbar sind. Hier weist z. B. der Meßpunkt 5 immer höhere Werte aus als der zur Aufnahme der Kettengeräusche günstigste Meßpunkt 1.
Es ist üblich, bei der Rundummessung das arithmetische Mittel aller Meßwerte zu bilden, und so einen einzigen Vergleichswert zu schaffen. Abb. 54 zeigt die Mittelwerte in der Gegenüberstellung. Bei 30 U/min liegt der neue Kettentrieb 11 dB(A) und 8 dB, bei 55 U/min 14 dB(A) und 12 dB, bei 80 U/min 14 dB(A) und 14 dB niedriger als der herkömmliche. Das bedeutet eine durchschnittliche Senkung des Schalldruckpegels um 13 dB(A) und 11 dB. Der Linearwert entspricht einer effektiven Geräuschminderung von 132%. Bei 140 U/min entwickelt der neue Kettentrieb dieselbe Geräuschstärke wie der herkömmliche bei 55 U/min.

Frequenzanalyse

Frequenz [Hz]	am herkömmlichen Kettentrieb bei *n* [U/min]			am neuen Kettentrieb bei *n* [U/min]				
	30	50	80	30	55	80	110	140
31,5	55	56	55	58	59	56	60	66
63	60	64	63	56	60	61	65	66
125	63	64	65	60	62	65	67	70
250	66	70	72	65	67	71	74	78
500	66	71	76	64	68	73	78	82
1 000	68	72	76	63	68	73	81	86
2 000	70	76	80	61	68	74	81	85
4 000	74	84	87	60	69	76	83	87
8 000	74	85	88	52	64	70	78	80
16 000	66	77	82	36	51	60	68	72
31 500	45	56	60	20	30	36	45	51

Die Frequenzanalyse wurde am Meßpunkt 9 (Abb. 53) in 1,50 m Abstand vom Prüfstand durchgeführt. Sie ergab die in der Tabelle zusammengestellten und im Diagramm (Abb. 55) aufgetragenen Ergebnisse. Für den herkömmlichen Kettentrieb liegen die Maximalwerte um 8 kHz, für den neuen um 4 kHz. Da das menschliche Ohr Geräusche geringerer Frequenz angenehmer empfindet, liegt auch hierin eine Verbesserung. Weiterhin bringt die Frequenzanalyse auch eine Bestätigung der Dehnungsmessungen, die für den herkömmlichen Kettentrieb Hauptfrequenzen um 8 kHz beim Einlaufstoß ausweisen. Mit steigender Drehzahl kann für den neuen Kettentrieb ein zweites Frequenzmaximum bei 1000 Hz festgestellt werden.

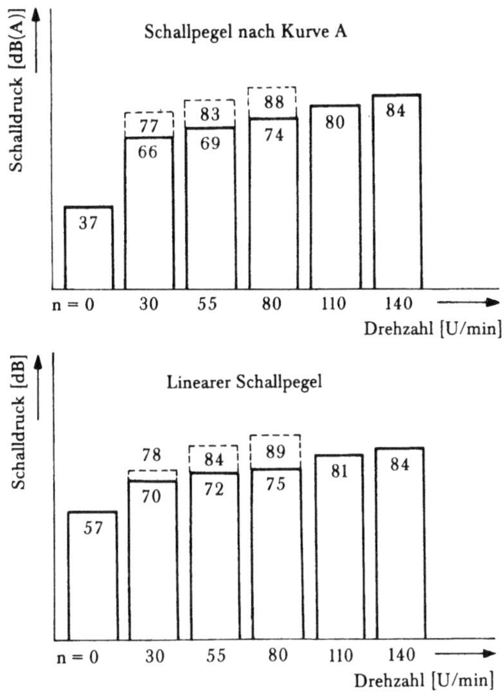

Abb. 54 Gegenüberstellung der Mittelwerte des Schalldruckpegels vom herkömmlichen (- - -) und neuen (——) Kettentrieb

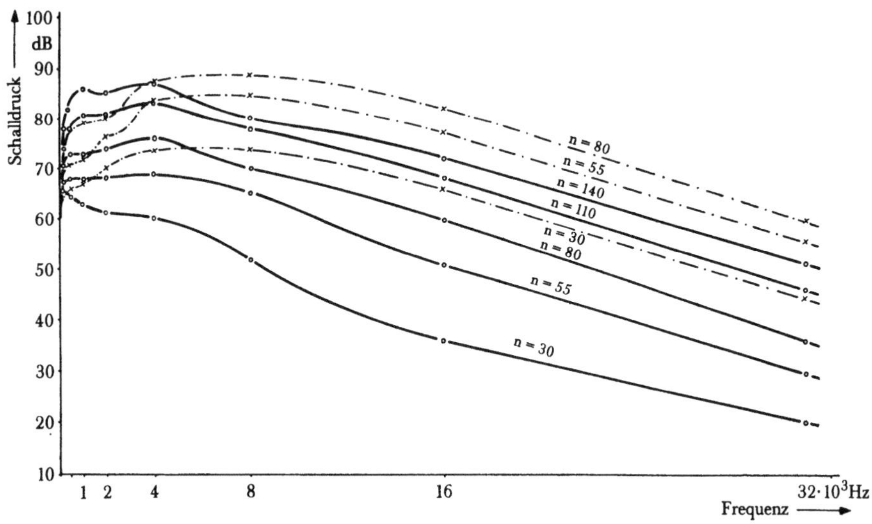

Abb. 55 Frequenzanalyse am Meßpunkt 9 für herkömmlichen (-.-.-.) und neuen (——) Kettentrieb

Geräuschmessungen bei den vorliegenden relativ niedrigen Drehzahlen ergeben eine einfache und treffende Beurteilung des Kettenlaufs. Ohne ins einzelne gehende Dehnungsmessungen kann an der Geräuschentwicklung abgelesen werden, ob und um wieviel der neue Kettentrieb besser läuft als der herkömmliche, da alle verschleißfördernden Vorgänge am Kettentrieb mit Geräuschemission verbunden sind.

5.5.3 Gesamtbetrachtung der Versuchsergebnisse

Die experimentelle Vergleichsuntersuchung ergibt für den neuen Kettentrieb folgende Vorteile:

1. Fortfall des Einlaufstoßes,
2. Fortfall des Umlenkstoßes,
3. Eine allgemein erheblich ruhigere Umlenkung,
4. Fortfall kurzwelligerer Oberschwingungen im geradlinigen Trum,
5. Kein schädliches Anwachsen der Schwingungen des Traggerüstes,
6. Eine erhebliche Herabsetzung der Geräuschentwicklung,
7. Etwa sechsfache Steigerung der Geschwindigkeit gegenüber dem herkömmlichen Kettentrieb in der Praxis von 0,5 auf 3,2 m/s (die Geschwindigkeit des herkömmlichen Kettentriebes auf dem Prüfstand von 1,83 m/s ist für Dauerbetrieb nicht geeignet).

Demgegenüber entstehen folgende Nachteile:

1. Ein erhöhtes Drehmoment wegen des größeren getriebetechnischen Aufwandes,
2. Ein Anwachsen der Drehschwingungen.

Damit hat das Experiment die Theorie bestätigt.

6. Zusammenfassung

In der vorliegenden Arbeit wird die Entwicklung eines Kettenausgleichsgetriebes beschrieben, das durch die Zwischenschaltung eines Zahnträgers zwischen Antriebsrad und Kette schädliche Bewegungsvorgänge beim Übergang von Translation zu Rotation ausgleicht.
Die experimentelle Untersuchung bestätigt die theoretischen Überlegungen, insbesondere den Fortfall von Einlauf- und Umlenkstoß. Es konnte eine Geschwindigkeitssteigerung von 0,5 auf 3,2 m/s, d. h. etwa auf das Sechsfache der Geschwindigkeit des herkömmlichen Kettentriebes in der Praxis, erzielt werden. Die Geräuschentwicklung nahm erheblich ab, so daß der neue Kettentrieb bei 140 U/min dieselbe Lautstärke besitzt wie der herkömmliche bei 55 U/min. Die Verschleißminderung dürfte in derselben Größenordnung liegen, wenn man eine annähernde Proportionalität zwischen Schalldruck und Verschleiß annimmt.
Die Auslegung des Kettenausgleichsgetriebes richtete sich nach den Erfordernissen einer exakten wissenschaftlichen Untersuchung, bei der die Frage nach dem effektiven Nutzen im Vordergrund stand. Die Entwicklung von Konstruktionen für die Praxis muß späteren Untersuchungen vorbehalten bleiben. Die Verwendung eines großgliedrigen und in den geradlinigen Trums unterstützten Kettentriebes weist auf die besondere Berücksichtigung fördertechnischer Belange hin.
Das Kettenausgleichsgetriebe stellt einen Beitrag zur Laufverbesserung von Kettentrieben dar, durch den die schädlichen Einflüsse bereits an ihrer Entstehungsquelle vermindert oder beseitigt werden. Es soll anregen und die Möglichkeit einer grundlegenden Verbesserung des herkömmlichen Kettentriebes aufzeigen.

Literaturverzeichnis

[1] Worobjew, N. W., Kettentriebe, 2. Aufl., VEB-Verlag Technik, Berlin 1953.

[2] Rachner, H. G., Stahlgelenkketten und Kettentriebe, Reihe Konstruktionsbücher (Herausgeber K. Kollmann), Springer-Verlag, Berlin–Göttingen–Heidelberg 1962.

[3] Rachner, H. G., Ein Beitrag zur Frage der Kettenradverzahnung, Reihe Forschungsberichte des Landes Nordrhein-Westfalen Nr. 931, Westdeutscher Verlag, Köln und Opladen 1961.

[4] Rachner, H. G., Die Drehschwingungen des Zweiradkettentriebes bei innerer Erregung, Reihe Forschungsberichte des Landes Nordrhein-Westfalen Nr. 943, Westdeutscher Verlag, Köln und Opladen 1961.

[5] Lubrich, W., Beitrag zur Kinematik der Kettentriebe, Dissertation, TH Aachen 1956.

[6] DIN 22200, Berechnungsgrundlagen von Gliederförderern.

[7] Obst und Heydt, Konstruktion und Fertigung von Kurvenmechanismen, VEB-Verlag Technik, Berlin 1964.

[8] Fratschner, O., Maschinenelemente, Verlag W. Girardet, Essen 1952.

[9] Tochtermann, W., Maschinenelemente, Springer-Verlag, Berlin–Göttingen–Heidelberg 1956.

[10] Köhler-Rögnitz, Maschinenteile, Teil 1 und 2, B. G. Teubner Verlagsgesellschaft, Stuttgart 1960.

[11] Hütte I, 28. Aufl., Verlag von W. Ernst und Sohn, Berlin 1955.

[12] Hütte IIa, Maschinenbau, 28. Aufl., Verlag von W. Ernst und Sohn, Berlin 1954.

[13] Meyer zur Capellen, W., Konstruktion ebener Kurventriebe und vergleichende Analyse ihrer Bewegungsgesetze, Reihe Forschungsberichte des Landes Nordrhein-Westfalen Nr. 1135, Westdeutscher Verlag, Köln und Opladen 1963.

[14] Ettl, E., Ursache und Wirkungen dynamischer Kräfte bei Stahlgliederbändern und Vorschläge zu deren Milderung, Zeitschrift »Fördern und Heben« 1965, Heft 1, S. 27.

[15] Meyer zur Capellen, W., Beschleunigungsermittlung in Gelenktrieben, Kurventrieben und Räderkurbeltrieben, Zeitschrift »Industrieanzeiger« Nr. 78 und 96, 84. Jg. (1962).

[16] Meyer zur Capellen, W., Beschleunigungsermittlung an Kurventrieben mit Hilfe von Ersatzgetrieben, Zeitschrift »Industrieanzeiger« Nr. 8, 85. Jg. (1963).

[17] Dubbels, Taschenbuch für den Maschinenbau I und II, 12. Aufl., Springer-Verlag, Berlin–Göttingen–Heidelberg 1961.

[18] Czech, J., Oszillographen-Meßtechnik, Verlag für Radio-Foto-Kinotechnik GmbH Berlin 1959.

[19] Koch, Boiten, Biermasz, Roszbach und van Santen, Dehnungsmeßstreifen-Meßtechnik, Philips Technische Bibliothek, Eindhoven, Holland, 1951.

[20] Meyer zur Capellen, W., Grundzüge der Getriebelehre, Hilfsblätter zur Vorlesung, Lehrstuhl für Getriebelehre der TH Aachen.

Lebenslauf

Am 8. April 1936 wurde ich als Sohn des Architekten Josef Janßen und seiner Ehefrau Gertrud, geborene Donner, in Krefeld geboren. Von Herbst 1942 bis März 1947 besuchte ich die Volksschule in Krefeld und Minden, anschließend das naturwissenschaftliche Fichte-Gymnasium in Krefeld, wo ich am 2. März 1956 mit der Reifeprüfung abschloß.
Nach einer halbjährigen Praktikantentätigkeit bei den Büttner-Werken in Krefeld-Uerdingen begann ich im November 1956 mit dem Studium des Maschinenbaues an der Rheinisch-Westfälischen Technischen Hochschule Aachen. Während der Studienzeit arbeitete ich als Praktikant insgesamt ein halbes Jahr lang in Betrieben des Maschinenbaues, des Flugzeugbaues und des Bergbaues. Im Wintersemester 1958/59 studierte ich an der Eidgenössischen Technischen Hochschule Zürich. Am 3. Oktober 1961 legte ich in Aachen die Diplom-Hauptprüfung in der Fachrichtung Flugzeugbau ab.
Seit 4. Oktober 1961 arbeite ich als Assistent von Professor Dr.-Ing. habil., Dr. h. c. Max Fink am Institut für Fördertechnik und Schienenfahrzeuge der Technischen Hochschule Aachen. Nebenbei blieb ich weiter immatrikuliert und bestand am 17. Dezember 1964 die Hauptprüfung in der Studienrichtung Wirtschaftsingenieurwesen.

Friedrich Manfred Janßen

GPSR Compliance

The European Union's (EU) General Product Safety Regulation (GPSR) is a set of rules that requires consumer products to be safe and our obligations to ensure this.

If you have any concerns about our products, you can contact us on ProductSafety@springernature.com

In case Publisher is established outside the EU, the EU authorized representative is:

Springer Nature Customer Service Center GmbH
Europaplatz 3
69115 Heidelberg, Germany

Batch number: 10584556

Printed by Printforce, the Netherlands